国家自然科学基金 51978420
教育部人文社会科学研究青年基金 17YJCZH200

# 盛京金融建筑社会人类学研究

郝　鸥　谢占宇　著

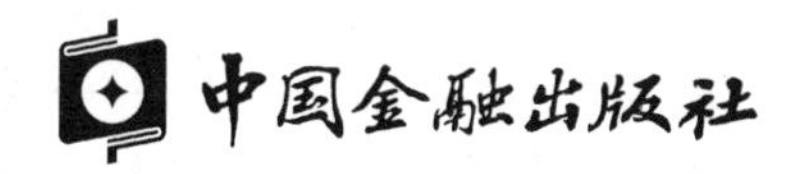

责任编辑：黄海清
责任校对：刘　明
责任印制：张也男

**图书在版编目（CIP）数据**

盛京金融建筑社会人类学研究/郝鸥，谢占宇著．—北京：中国金融出版社，2020.5
ISBN 978-7-5220-0566-9

Ⅰ.①盛…　Ⅱ.①郝…②谢…　Ⅲ.①金融建筑—社会人类学—研究—沈阳—近代　Ⅳ.①TU247.1-092

中国版本图书馆CIP数据核字（2020）第052914号

盛京金融建筑社会人类学研究
Shengjing Jinrong Jianzhu Shehui Renleixue Yanjiu
出版
发行　中国金融出版社
社址　北京市丰台区益泽路2号
市场开发部　（010）66024766，63805472，63439533（传真）
网上书店　http://www.chinafph.com
（010）66024766，63372837（传真）
读者服务部　（010）66070833，62568380
邮编　100071
经销　新华书店
印刷　保利达印务有限公司
尺寸　169毫米×239毫米
印张　9.75
字数　141千
版次　2020年5月第1版
印次　2020年5月第1次印刷
定价　42.00元
ISBN 978-7-5220-0566-9

# 前　言

人类学源于希腊语，分为体质人类学和文化人类学，前者把人作为生物对象来研究，后者把人类社会作为文化系统来研究，后者产生了著名的“环境决定论”，并将西方文明作为进化主流，出现了著名的弗莱彻“建筑之树”，意在表达西方建筑文明的主导性。中国辉煌璀璨的建筑文化在世界范围内长时间被作为除西方以外的边缘文明，更有甚者认为中国只有古代建筑历史，并无近代建筑史，中国的近代建筑是舶来品，完全移植西方近代建筑。沈阳是“天眷盛京”，是满族发祥地，也是民国时期东北的政治经济文化中心，其自身的社会文化、生活民俗、政治因素都极具特点及研究价值，而这些人类学的潜在内涵都是通过建筑保留和传达的，对于盛京都城金融建筑人类学的研究足以打破西方中心论的枷锁，例证中国近代建筑的中国观。正是在这样的研究背景下，本书从建筑人类学角度剖析盛京这座满族古城金融建筑的演进，揭示沈阳乃至中国的近代建筑发展的历史，使历史成为一面镜子，让它反映出最清晰的社会环境、人文特征等景象，其中包含的经验对我们今天的社会生活有着更为现实的借鉴意义。

本书坚持以“论从史出”为原则，其分析过程是建立在大量真实史料的基础上，又由于建筑活动作为一种文化现象，其本身是复杂、多层面的，如果单纯就建筑而研究建筑，对其活动的技术本质和相应的社会人文背景漠不关心，则建筑的研究难免有空中楼阁之嫌、隔靴搔痒之憾。只有从盛京满族古城近代的历史背景、社会变革、科学技术以及人们的心理因素等多方面入手，才是一部有血有肉的建筑人类学研究。

本书的研究内容主要有两个方面。内容一，对于盛京（沈阳）金融建筑发展过程及其规律的研究。在中国近代化的大背景之下，传统的金融建筑与西式近代金融活动接轨发展成为近代银行的过程是建立在大量引入、学习西方建筑科技的基础上，是一个从引入、学习到创新的过程，并且它的发展并不是单一地从建筑样式、建筑功能等方面逐级推动，而是与近代沈阳的社会背景、建筑技术这两方面互动发展的，并且在它发展的过程中自始至终地贯穿着传统建筑文化与外来建筑文化的兼容渗透。它大致经历了三个重要时期：（1）文明冲突期（1858—1905 年），是西方文明传入华夏大地的初期。此阶段，中国社会对于外来文化，上到清廷下到百姓都是持着消极避让、排斥的态度。西式金融建筑并未对传统金融建筑造成影响。同样，西式金融建筑也未与沈阳本地文化、建筑技术相适应，只是按照本民族的建筑技术、社会文化来设计。（2）异邦文明摄取期（1905—1912 年），是人们努力学习、引进西方文化的时期。此阶段，由于沈阳开埠，各国的银行建筑得以大量建造，随着西方文明的不断输入，人们对以西方建筑技术、管理制度为代表的外来文化由抵触转向认可，本土金融建筑开始与近代金融活动接轨，开始认真学习外来文明。（3）中西文明交融创新期（1912—1931 年），是人们经过长时期学习西方建筑文化后，对于沈阳传统建筑文化的思考。在此阶段创造出了不同于西式银行的具有中国特色的近代金融建筑。内容二，从建筑人类学角度对盛京金融建筑特色的总结。盛京近代金融建筑最突出的特色在于它把学习的西方先进技术同中国文化相结合，创造出了盛京独有的近代金融建筑。这是由其特定的社会文化背景决定的。盛京曾作为封建王朝的陪都重镇，在进入近代以前，就形成了具有鲜明地域特色的传统建筑文化。即使到了外来文化呈强势的民国时期，也有奉系军阀为代表的本土强势存在，使其传统文化能够与外来文化进行抗衡，使中国传统建筑文化在面对外来文化时没有故步自封，没有被外来文化取代，而是显示了它内在的生命力，多元复合地发展，走出了建筑创新的一步。这种近代建筑中包含的创造性劳动，其价值远远超过那些单纯模仿的近代建筑。

建筑的发展总是揭示着社会历史的变革与人类文明的进步。历史辗转发展到了今天，我国主动地导入西方文明，汲取西方优秀文化，在理论界，建筑观点纷呈、思潮纷涌；在实践中也是百花齐放，风格多样，迎来了这一客观上与近代历史相似的东西方文化相互影响与融合的时代。“鉴前世之兴衰，考当今之得失”，只有将自身的学术体系及演化过程厘清，才能避免“病急乱投医”。在追求“现代化”的过程中，能够使中国建筑学术体系正确面对自身的传统、西方的变化以及它们之间的矛盾，并以此为今天的借鉴，更好地把握今天的行为。

# 目　　录

# 第 1 章　中国近代金融建筑研究的新视角

建筑作为物质文化的重要组成部分，是度量社会发展进程的重要标志。近代时期是中国历史上外族压迫、内部更迭的动荡时期，近代建筑最能映射出当时的社会环境、政治环境、习俗生活。如果说历史是一面镜子，那么近代建筑史这面镜子离我们最近，它所反映的社会风俗最清晰，其中包含的经验对我们今天的社会生活有着更为现实的借鉴意义。

## 1.1　中国近代建筑研究概述

近代时期，由于全球格局的巨大变化，西方文明得以大量进入中国境内。中国建筑作为一个完整的体系受到前所未有的冲击，160 多年来发生了空前的变化，我们若要检讨当代中国建筑活动的许多根本问题，皆可追本溯源至那一时期。因此，这一领域的研究受到几代中国建筑学人的关注。

梁思成先生作为中国建筑史研究的开拓者之一，很早就将近代建筑纳入视野。梁先生在 1935 年撰写的《建筑设计参考图集序》一文中就此有独到论述，而完稿于 1944 年的《中国建筑史》又专列《清末及民国以后之建筑》一章。1956 年，梁先生又以其敏锐的眼光和深厚的学养，指导他的研究生刘先觉先生撰写题为《中国近百年建筑》的研究论文，开创系统研究中国近代建筑史的先河。

自 1958 年 10 月起，原建筑工程部组织发起全国建筑“三史”（古代建筑史、近代建筑史、新中国建筑十年成就）的资料调查和编辑工作，在此基础上，1959 年 9 月编写出约 21 万字的《中国近代建筑史》，并配有《中国近代建筑史图集》（延至 1989 年由上海科学技术出版社出版，名为《中国近代建筑图录》），在中国近代建筑史研究过程中具有重要地位。1962 年 10 月，以“初稿”为蓝本缩编成的《中国建筑简史 · 第二册 · 中国近代建筑简史》作为“高等学校教学用书”正式出版。该“简史”的体例与资料有一定的借鉴意义。1964 年，徐敬直先生的专著《中国建筑之古今》在香港出版，其部分章节谈到中国近代建筑。徐先生亲历民国时期的建筑活动，他提到的有些史实今天已鲜为人知。总体上看，梁思成、刘先觉的《中国近百年建筑》、集体编写的“初稿”和“简史”以及徐敬直的《中国建筑之古今》可视为中国近代建筑史研究第一阶段的重要成果，他们的开创性工作是功不可没的。

20 世纪 80 年代，在改革开放和知识界活跃局面的积极推动下，国外尤其是日本建筑界对近代中国建筑“非常关心”甚至派遣多名博士生来华研究，在这种局面的激励下，以清华大学汪坦教授等为首的老一代学者于 1985 年呼吁发起了新一轮中国近代建筑史研究。十几年来，中外建筑学人在这一领域已取得令人瞩目的成就。最具代表性的当属历次“中国近代建筑史研究讨论会”上所发表的论文，及相应出版的论文集；还有中日合作项目《中国近代建筑总览》丛书 16 本。清华大学张复合先生的《中国近代建筑史“自立时期”之概略》以及赖德霖先生的博士学位论文《中国近代建筑史研究》也是这一体系的重要研究成果。而天津大学徐苏斌女士的博士学位论文《比较 · 交往 · 启示——中日近现代建筑史之研究》则是较早从“中日比较”这一独特角度展开研究的重要尝试。除清华大学外，以沈阳建筑大学为主体，对沈阳近代建筑的研究也已形成体系，以陈伯超教授的《中国近代建筑总览 · 沈阳篇》及其研究生发表的多篇论文为其代表性成果。

海外的相关研究也不容忽视。曾任职于香港中文大学建筑系的郭伟杰先生于 1989 年在美国康奈尔大学完成了博士学位论文《亨利 · 墨菲在中国的适应性建筑 1914—1935》，首次对特定历史时期在华活动的外国建筑师进行系统研究，揭示了他们在中国发挥的独特作用。还有来自不同国家关于中国近代建筑的研究，尤其是日本，由藤森照信、村松伸先生引发的中日近代建筑交流，例如，西泽泰彦发表的《清末在中国东北的日本公馆建筑》、青木信夫发表的《文化遗产的保护、继承和登录制度的导入》、村松伸发表的《1500—2000 年亚洲建筑的构图》等更是对中国近代建筑研究的促进。

## 1.2　盛京（沈阳）近代建筑研究概述

盛京是清王朝的陪都重镇，近代时期处于尤为复杂的转折阶段。中西建筑文化的碰撞和交融构成沈阳乃至中国近代建筑史的主旋律。关于沈阳近代建筑背景研究经过沈阳市人民政府及地方志编撰委员会等单位的多方努力已出版多本著作如《近代辽宁城市史》（张志强，杨学义编著）、《沈阳近代建筑》（沈阳市城市建设档案馆，沈阳市房地产档案馆）、《东北沦陷十四年史研究》（王承礼编著）、《满洲开发四十年史》（上、下卷，满史会编纂）、《沈阳市志》（沈阳市人民政府地方志编纂委员会）等，还有不少书籍用文字和照片记录了当时的沈阳，留下了很多宝贵资料，例如《沈阳旧影》（许芳编）、《古城沈阳留真集》（铁玉钦）、《老沈阳》（马秋芬）等，另外，还有相关的论文如《关于日本人在中国东北地区建筑活动之研究》（西泽泰彦）、《沈阳近代影剧院建筑的变迁与发展》（陈式桐）、《沈阳中街与中街建筑》（陈伯超）、《居住行为模式的冲突与住宅环境的演变——对沈阳近代日式住宅的人文研究》（罗玲玲等）、《沈阳自主性的城市近代化过程——由新政到军阀地方政权下的近代化》（包幕萍）《先哲人去业永垂　洒下辉煌映沈城——记杨廷宝早年在沈阳的建筑作品》（陈伯超）、《沈阳优秀近现代住宅建筑保护与利用的思考》（王肖宇）等，除此之外，还有关于近代建筑的专门著作，如陈伯超教授等主编的《中国近代建筑总览·沈阳篇》，该书对沈阳近代建筑作了详尽的描述，为今天的继续研究打下了良好的基础；包幕萍女士的硕士论文《沈阳近代建筑的演变和特征 1858—1948》，详尽论述了沈阳古城的建设历史及沉淀下来的建筑传统，其中包含了大量的信息和资料，使我们能清晰认识沈阳近代建筑的特色和发展脉络；李培约先生的硕士论文《沈阳近代建筑特色研究》、王伟鹏先生的硕士论文《对沈阳近代建筑形式和风格的再认识》

等；这些研究成果都是沈阳近代建筑研究中不可忽视的组成部分。

## 1.3 定位：拓荒与自省

### 1.3.1 拓荒

本书内容意为拓荒是在两个方面：一是研究方法的拓荒，从人类学视角对盛京满族古城的金融建筑进行研究；二是研究内容的拓荒。

#### 1.3.1.1 研究方法拓荒

人类学的研究方法给了建筑学新的视角，从而产生了建筑人类学。建筑人类学不仅研究建筑本身，更注重研究社会文化，如习俗活动、宗教信仰、社会生活及人与社会的关系，这些内容构成了建筑的社会文化背景，并通过建筑的空间布局、外观形式、细部装饰等表达出来。建筑活动作为一种文化现象，其本身是复杂、多层面的，既有器物层面的，又有制度层面的，更有精神层面的。如果对建筑活动相应的社会人文背景漠不关心，则单研究建筑形式，就会把一部本来活生生的建筑历史描绘成缺乏时代精神、缺乏错综复杂的社会关系中人性的伸张与冲突，变成僵化而肤浅的形式堆砌。从人类学的视角对沈阳历史背景、社会变革、科学技术以及人们的心理因素等多方面入手，纵观盛京金融建筑发展脉络，从而分析出发展演进特色，才是一部有血有肉的建筑史研究，但是如此的研究方法在近代建筑上是没有先例的，所以称之为拓荒，称其为中国近代金融建筑研究的新视角。

#### 1.3.1.2 研究内容拓荒

经过多年的综合努力，中国近代建筑史研究已经进入新的高潮，研究范围不断扩展，研究程度不断深化，但对已出版的五本“中国近代建筑研究与保护”论文集所作的统计分析（见图 1－1），显示出一个问题：研究方向分布极不平衡，关于建筑制度、建筑教育以及金融建筑的研究成果寥若晨星，由于其作为银行特殊的经营货币职能，其资料的收集是很有难度的，故研究的成果有限，现有的几篇文章如张复合先生的《北京近代银行建筑概述》、江涌先生的《武汉近代银行建筑述略》等，也都是从宏观上对银行建筑的艺术、形式、风格进行剖析，其确有必要，但仅有这些是远远不够的。然而，近代金融建筑作为帝国主义经济侵略的工具，在中西文化碰撞中变化最深刻，所受影响也最深远，也最能代表近代建筑总体发展。表面上看，这些变化似乎等同于西方文明在中国传播的直接结果，但实际上，由于文化的“滞后效应”，具有深厚积淀和巨大惯性的中国文化传统在上述变化过程中扮演了十分重要的角色。本书的研究目的也在于此，从盛京满族古城传统的金融建筑入手，研究传统金融建筑文化是如何与异质文化相碰撞、融合、发展为近代银行的整个脉络，勾勒出盛京近代金融建筑史发展进程的轮廓，并以中西建筑文化的碰撞和交融发展为主线，来看属于中国沈阳的近代金融建筑特色。根植于中国传统文化研究近代金融建筑，正是近代金融建筑“中国观”的体现，盛京古城的传统文化造就了沈阳不同于中国其他地域、更不同于西方的近代金融建筑。

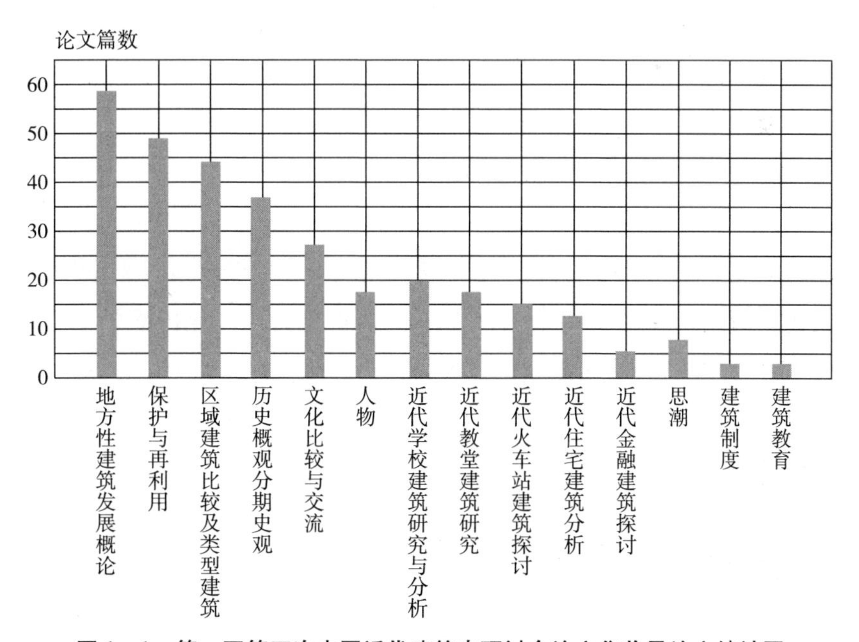


**图 1－1　第一至第五次中国近代建筑史研讨会论文集收录论文统计图**

### 1.3.2 自省

历史辗转发展到了今天，我国主动地导入西方文明，汲取西方优秀文化，在理论界，建筑观点纷呈、思潮纷涌；在实践中也是百花齐放，风格多样，迎来了这一客观上与近代历史相似的东西方文化相互影响与融合的时代，如何对待异质文化成为首要问题。近代建筑是在特定历史时期中西文化交织后的产物，研究近代金融建筑有其深远的意义。首先，金融建筑有其规律，追溯其发展历程对今日以至今后的建筑设计必有价值，特别是在追求“现代化”的过程中，有利于我们更好地把握今天的行为；其次，金融建筑又无定式，随着社会的进步，其建筑形态必呈与时俱进式的演化，只有将演化过程厘清，才能避免“病急乱投医”，才能够使金融建筑正确面对自身的传统、西方的变化以及处理它们之间的矛盾；最后，建筑史学的意义在于揭示社会历史发展的作用，对建筑历史的探究，也是对中华文化的考古，传统中的精萃是留给人类的宝贵遗产，对于沈阳这一点尤为重要，沈阳是清朝的盛京陪都，传统建筑文化对近代金融建筑的形成有着巨大影响。近代建筑是中华古代建筑与现代建筑的重要承启部分，其中蕴含的价值为我们“鉴前世之兴衰，考当今之得失”提供了依据。

## 1.4 研究对象及时空的界定

本书研究对象在时间上将限定于1840年至1949年，笔者无意涉及关于中国近代史时间跨度的一些争议，因为从文明冲突与文化传播的角度而言，1840年与1949年都是无可争议的巨大转折，此前与之后的中国建筑活动也因此受到深刻影响。本书主要以外来文化进入沈阳的时间作为参照，大体可分为四个阶段。

### 1.4.1 文明的冲突期1858—1905年

这一时期是沈阳近代金融建筑萌芽期，也是外来影响的初始期，即自牛庄（营口）开埠起至日俄战争为止，此时期是西式银行兴建初期，外来文化以俄国和日本为代表，金融建筑样式以日俄学习的欧洲建筑及其本国建筑式样的移植为主。然而，此时中西文化呈对峙局面，人们对外来文化鄙之厌之，所以早期的金融建筑营造活动均被关在城门外，老城区仍以延续传统营造方式为主流，所以称为文明的冲突期。

### 1.4.2　异邦文明的摄取期 1905—1912 年

这一时期是沈阳近代金融建筑的形成期。1906 年沈阳开辟商埠地，西方各国文化纷至沓来，带来新的公共建筑类型。随着租界的繁荣，西方物质文明的大量输入，逐渐意识到危机的清政府改变了对异邦文化的态度，实行新政并产生官方引导的金融建筑近代化。中国人得以更直接更深入地接触西方文明，于是“夷场”变成了“洋场”，对西方文明的鄙视被对其的认可所替代。此时的银行皆由清政府开办，建筑样式极力效仿西方银行，对于西方文化盲目地全盘导入，直接移植，如奉天大清银行。

### 1.4.3　文明的融合发展期 1912—1931 年

这一时期是近代金融建筑的黄金期。自民国时起止于“九·一八”事变，沈阳是由以张氏父子为代表的奉系军阀所统治，本土势力与外来势力共存。这时的盛京近代金融建筑一方面反映了当时外来各国的建筑思想，同时也反映出在外来思潮的影响下，中西文化的融合，产生了结合中国传统文化的沈阳近代银行建筑，沈阳现存的多数优秀经典作品也出自此时期。

### 1.4.4　文明发展的萧条期 1931—1948 年

这一时期主要指 1932—1945 年日本占领沈阳时期，是近代金融建筑萧条时期。日本为其政治、军事、经济上的需要，其金融业首当其冲地加入了对华经济掠夺的行列。这一时期以日本为主的银行业独霸沈阳，其他各国银行纷纷倒闭。虽然日本在经济上大肆侵略，增设大量银行，但这一时期兴建的银行建筑很少，大量的日伪金融机构都是收编沈阳原有其他银行建筑，所以此时期的近代金融建筑较 1905—1931 年的蓬勃发展呈萧条趋势。

# 第2章　八街市井瓦琉黄<br>传统金融理财广

沈阳是清朝建立的第一个都城，名曰“盛京”，清王朝迁都北京后，一直作为陪都重镇，它是满族文化重要的发祥地，也是东北地区政治、经济、文化、军事中心。

## 2.1　从沈州到盛京城

“悠悠大漠苦荒寒，逐草膻毡断野烟。”由今追溯到千年之前，沈阳是一片人烟罕见、风吹草低的塞外荒野。据新乐遗址考证，远在7200年前，就有人类在沈阳地区活动。之后历经春秋、秦汉等朝代的发展，直到公元10世纪，契丹族兴起，建国称辽。太祖耶律阿保机在沈阳设置沈州，并筑有土城。元朝于成宗元贞二年（1296年）改沈州为沈阳路。这是历史上出现沈阳之称谓之始。因今浑河古名沈水，沈阳处于沈水之北，以中国古代的风水观即“山北为阴，水北为阳”，故以“沈水之阳”命名，得沈阳一名。明洪武二十一年（1388年）在元代土城的原址上修筑砖城，据《辽东志》卷二，建置记载。新建砖城“因旧修筑，周围九里三十步，高三丈五尺。池二重，内阔三丈，深八尺，周围一十里三十步；外阔三丈，深八尺，周围十一里有奇。门四，东曰永宁，南曰保安。北曰安定，西曰永昌”。城内两条大街交叉成十字，直通四门。

明万历四十四年（1616年）建州女真部的努尔哈赤统一了女真各部，建立了“大金”（后金）政权。清代后金天命六年（1621年），清太祖努尔哈赤攻占沈阳，天命十年（1625年），从辽阳迁都至沈阳，修建皇宫（东院），城市形态的特点是宫殿分离。自此沈阳便成为后金政权的统治中心和清王朝的发祥之地。1626年8月，努尔哈赤亡，其八子皇太极继位，是为清太宗，年号“天聪”。后金天聪五年（1631年），清太宗皇太极扩建沈阳中卫老城（见图2－1），将明代砖城加宽，加高，改四门为八门，改十字大街为井字大街。建设方城八门及钟鼓楼，同时沈阳改称“Mukden”，系满文“兴盛”之意。汉文写作“天眷盛京”。从此，沈阳改称盛京。清太宗期间将明代两条护城河合二为一，进行拓宽。改后的城周为九里三百三十二步，比明城增加了三百零二步，墙加高一丈，计三丈五尺。改明代四门为八门，其中镇边门未拆，成了第九门。同时设门楼八座，角楼四座，并在瓮城增设了木匣设备。八门也各有一名，从东南起依次为天佑门（小南门）、德胜门（大南门）、抚近门（大东门）、内治门（小东门）、福胜门（大北门）、地载门（小北门）、外攘门（小西门）、怀远门（大西门）。门额外书满文，内书汉字。

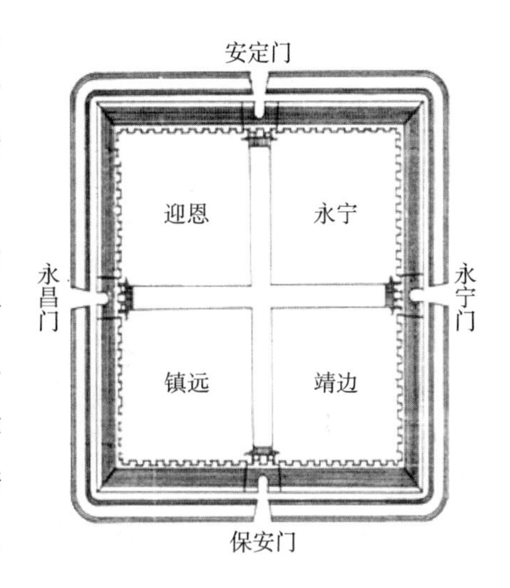


**图2－1 明代沈阳城示意图**

城内井字大街向外通向八个边门所形成的街道呈放射状（见图2－2）。由于清城的街道由明代的“十”字形变为“井”字形，故全城被分割成九个自然区，正中为宫城所占，其余八区则为八旗旗人分居。至此，盛京城形成了古代都城的完备型制。它是历代营建者们的智慧，多种文化沉积、融合的结晶，沈阳已具备了严整的王城型制，形成了极具特色的“井”字形街道，为古代王城营建中的典型实例。

1644年，清王朝迁都北京后，以盛京为陪都。顺治十四年（1657年）在盛京陪都内又设奉天府，取“奉天承运”之意，故清代沈阳又称奉天。沈阳从此发展为东北地区政治、经济、文化、军事中心。

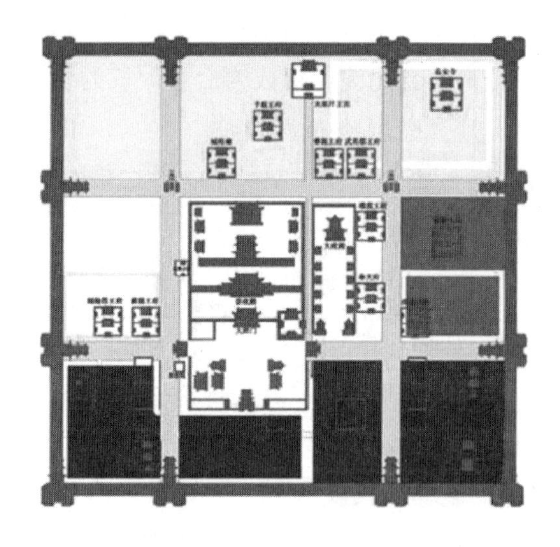

图 2-2 盛京城阙图

## 2.2 盛京传统的金融建筑

如前所述，盛京自古以来扼据军事重镇和交通要塞，经过历朝的发展，到了明朝，城镇经济处于萌芽时期，但货币市场没有形成，一般民间交易多为物物交换。清定都后，扩明城，开街衢，商业逐渐繁荣，并且主要通用货币为银两和制钱。清太祖天命元年（1616 年），铸造天命通宝二品钱，上刻满汉文字，在兴京（今新宾县）沈辽及附近一带流通。清世祖定都北京后，沈阳作为陪都视为清朝龙兴之地，设户、礼、兵、刑、工五部衙门。清朝廷每年拨付巨额银两用于扩建故宫，维修皇陵，祭祀祖先寺庙，盛京所设五部衙门及军务开支，全靠清政府从关内各省调剂银两供给。当时在沈阳设有金银库，是库银保管和理财的机构，从此沈阳银两逐渐增多。1653 年《辽东拓民开垦条例》颁布后，山东、河北汉民进入城内四平街（中街）开设丝坊、药房等工商业。康熙十三年（1674 年）撤吏部改作将军衙门，把四平街钟、鼓二楼之间辟为商业区（见图 2-3），市面趋向繁荣，货币经济活跃。

沈阳金融业也随着经济而发展起来，并逐渐占有重要地位。沈阳传统金

图2-3 从小西门至鼓楼街景

融业始于典当、钱庄、票号，它们有着相同的社会背景，面对同样的机遇挑战，而同时它们又有着不同的发展轨迹，有着不同的业务构成和建筑特色。作为传统金融机构，三者共同构筑了沈阳乃至中国的金融业。

## 2.2.1 抵物放款的典当

古往今来，当铺作为金融业的经营机构，经历过不同社会形态的风风雨雨，摇摇晃晃地度过了上千年的岁月时光，可谓盛衰枯荣俱在、酸甜苦辣皆有。它是人类历史上最早的金融机构，没有当铺的存在，古代金融机构就难以完整无缺，其在社会经济发展过程中，特别是在不同时期的金融领域内所发挥的作用，是不容抹杀的。

### 2.2.1.1 典当的起源与建筑初期发展

典当俗称当铺或押店，是专门收取抵押品而放款的特殊金融机构，见诸于文字资料的记载迄今已有1500年左右。因其在世界各主要国家的历史上均曾存在过，故不同民族的语言都用固定的词汇予以表达。当铺的英文名称是Pawnshop，日本则称之为质屋。

俗话说：货币兴，借贷起。中国社会进入封建社会以后，经济发展，又由于封建国家苛重的赋税徭役主要落在劳动人民的头上，为了进行简单再生产，维持最低限度的生活水准，同时支付苛捐杂税，这样广大农民和小工商业者在生产和生活方面对货币的需求量逐渐增大。然而，人类早期的金融活动，却远远落后于商品生产的水平和交换市场的规模。最突出的表现是，社会金融活动长期局限于高利贷这种唯一的信用形式，这就从客观上提出了变革信用形式、建立信用机构的要求。

最早的当铺出现在我国直到南朝齐（479—502 年），由于其在东晋（317—420 年）近百年来政局稳定、经济发展的基础上，使社会生产力得到了极大的提高，商品经济也继两汉之后重新进入一个上升的阶段。在商品经济蓬勃发展的过程中，寺院经济发挥了举足轻重的作用，由于南朝社会物质基础日趋雄厚，故佛教历经宋齐梁陈四代得以空前兴盛。僧侣的经济来源除公私布施外，则以地产、商业和借贷为三大支柱，所以在寺院中出现具有划时代意义的新型信用机构——当铺，它是一个专门从事抵押放款、唯一的、专营货币借贷、充当早期金融工具的经营机构，最早叫“质库”，或“质肆”“质舍”。

此时的当铺还没有与之对应的专门建筑，又因为其本身业务也不完善，所以没用设计中的功能分区及流线组织，只是在寺院中单辟一个院落或几个房间来存放抵押物，至于经营收当的营业部分，一般会单独设置或其他使用房间合用，所设位置不固定。因其并非独立机构，且有些尚属瞒官私设，故对外不需或不便公布任何标识。但是早期的当铺建筑萌芽反映了当铺抵押放款的功能特性，即营业部分可以与其他房间合用，但是一定要有专门存放物品的库房，从中可以看出库房在早期当铺建筑中就已经成为设计重点的地位。

进入唐朝（618—907 年）以后，质库更加发达，不但寺院经营，达官贵族也多开设。不过，这时人们已习惯于用“典”“当”二字来表达当铺的经营活动了。如杜甫所赋《曲江》诗道：“朝回日日典春衣，每日江头尽醉归。”此时当铺已不再限于是寺院庙宇用于救济及兼放高利贷的慈善性机构，而更多的是服务于商品交易和货币流通的金融组织。因此，当铺便走出佛寺大门，来到街市之中。唐宋时期，城市兴起，相同行业的店铺习惯于集中邻近，工商与居民杂处，这使当铺必须设立标识，才便于顾客区别辨认，从而开展日常经营活动。好比酒馆须有酒望、饭铺不离幌子、商店必挂市招一样。

标识均采用短招牌，上面方方正正书写一个“当”字（见图2-4），高悬店门之外醒目处，或将当字直接榜书于临街店墙之上。还有的当铺喜欢设立两种特殊标识，即在当铺门口每边各挂一条特制巨大的仿造钱串，然后再高悬一块“当”字招牌，有的则干脆以钱串为主幌。此举突出地反映了当铺是贷放货币的金融机构，它使人意识到以物质钱谓之当的基本含义。

**图2-4　当铺招牌**

该时期的当铺建筑粗具规模，业务模式已基本成熟，建筑模式是前市后居的形态，前边是对外营业部分，其后是居住生活区，是一种民居和商铺的混合形态，采用院落式布局的木构架建筑。

### 2.2.1.2　当铺建筑的成熟期

随着清朝经济的发展，当铺发展到高峰期。盛京地方典当业晚于关内，是伴随清政府从山东、山西、河北向东北移民出现的。明末清初，沈阳工商业迅速发展，民间借贷活跃，典当适应当时经济生活需要而得到发展，清末达到极盛时期，第一家当铺开设年代无从查考。乾隆二十六年（1761年）沈阳小东关设有广发当、恒吉当，大东关设有德景当。按典当业资本大小，取利薄厚，满期长短，纳税多寡，可以将之分为典、当、质、按、押。辽宁只有典、当、质、押四种。沈阳早期把资金1万元以上、利息3%以下称典铺，资金1万元以下、利息3%~4%称当铺。质铺小于当铺，放款利率稍高，期限偏短，至于押铺则规模更小，放款期限极短，不过几个月，利息极高，通常在5%以上。光绪二十年（1894年）有当铺63家，大户资本白银3万多两，经营以物品抵押的放款为主，营业相当繁荣。

（1）“起于当止于赎”的建筑构成

盛京当铺是功能独特的金融机构，其营业活动不同于普通商店，由于当铺是特殊信贷业务，就决定了其营业方式完全不同于其他金融机构。当铺不论大小，其建筑的内部结构基本相同，一般由当厅、仓库和配室三部分组成。

当铺通常占房二三十间不等。

当厅。当厅也叫柜房，是当铺的对外营业厅，是当铺的核心经济活动部分，关系到当铺的兴衰枯荣，历来受到当铺经营者的高度重视。当铺的经营“始于当，止于赎，期满而不赎，则变卖偿本”，从收当到赎当一切的经营活动都发生在当厅内。当铺收当采取流水作业，外缺、内缺、中缺相互配合（见图2－5），颇有点系统工程的味道。当铺每日清晨开门营业时，外缺各柜员由管钱分发当天周转资金若干。各柜员备有钱簿一册，其中当本栏用于登记放款数额。与当户成交后，柜员一面口唱当物顺序号码、名称、件数、当本等项目，由写票笔录于当票和当簿之上，并自盖骑缝章以资相符；一面在手边备用约2尺长、1寸宽编号木牌或纸条上写明自己口唱之相同项目，务求做到完全一致，然后用线拴于当物之上，由管饰或卷包分别处理。每成交一项，称作一号。两道程序完毕，柜员就将验明之当票和商定之当本交给当户，接着便开始下一轮收当。

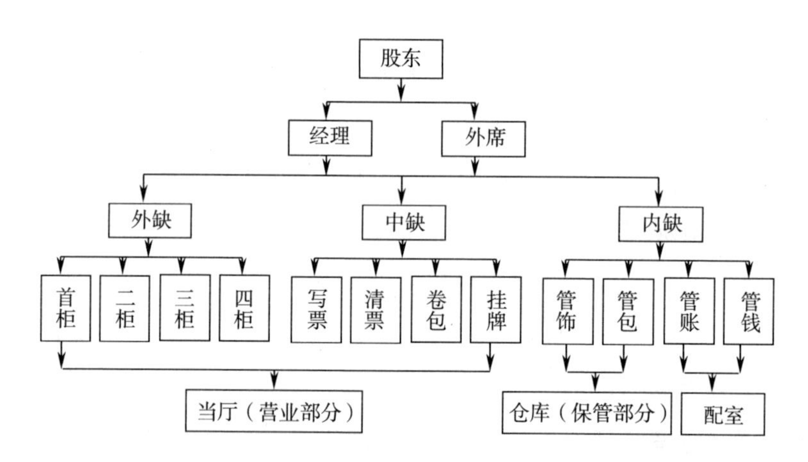


**图2－5 当铺营业人员构成**

过去比较讲究的当铺，入门之后可见一座巨大的木制屏风上书“當”字（见图2－6）。此举一是出于稍避门外街市喧闹之声，以使员工精心埋头于典当业务之目的；二是当铺为各类当户作的遮掩，恐其因手头拮据典当物品为街人所见的尴尬心态，又称遮羞牌。屏风之后便是当厅（见图2－7），当厅通常由当柜隔开，一分为二，厅外为交当人，厅内为收当人。旧式当柜有多种摆法。按老规矩，典铺只设一字形柜台，即面门直型栏柜；而当铺、质押等，除设直柜外，还设并列型柜台，即所谓横柜。当铺的外缺（缺在旧时指官职的空额，如有出缺、补缺之语。但在当铺里却成为一个专门职称）即营业员就在此办公，按责权大小、能力高低，一般分为四个等级，即首柜、二柜、三柜和四柜。

图2－6　木制屏风

当柜最大的特点，在于其高（见图2－8）。当柜一般高一米五六左右，甚至逾人。柜面装有木制或铁制栅栏，通至天花板。这一来是为安全起见，防止当户或其他什么人接近当柜时，见财起意、抓抢劫夺；二来也使当户在交当时难以看清柜台内的情形，便于收当人做手脚。由于当柜高，故内设踏板。单级踏板约高40厘米，两级踏板则达60厘米。这使当铺员工在营业时必须坐在置于踏板上的高凳上，才能干活。当柜栅栏上开有两处窗口，称为当窗，当窗的设计方式使当铺营业时，能防止混乱，从而保持秩序井然。

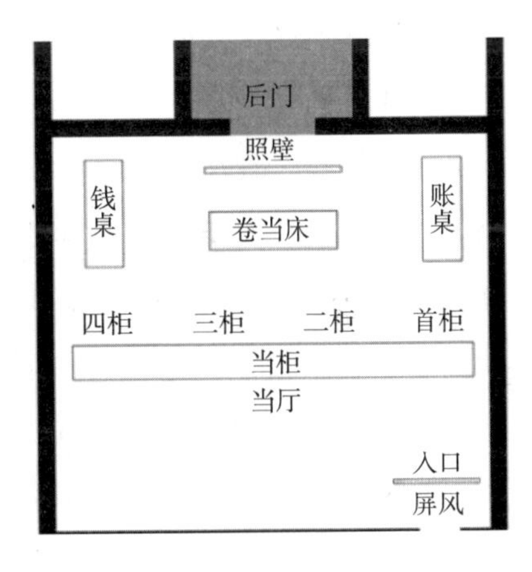


图2－7　当厅平面图

当柜之后便是一张用来折捆收当物品的大号木床，即卷当床（见图2－7）。柜员收当后，除首饰等贵重物品外，立刻交由卷包人捆扎、折叠。如衣服类，一般要求折叠整齐或捆扎结实，做到小而紧，以便入库上架后节省占地面积，从而利于增加库存容量、提高保管效果。床头备有成束的麻绳，这种麻绳的吉名叫钱串。床下空隙较大，当日收进押品，经整理捆扎之后常暂

**图 2－8　当柜**

放床下，待到打烊后再运至库房或当楼。其两侧分别摆放账桌和钱桌；此处是收赎和保管双方的中间环节，包括写票、清票、挂牌三个不同性质的岗位，写票是在负责当铺成交时，将各种数据分别笔录于当票和当簿之上。清票之职是为配合写票所设，及时清理赎当及死当。挂牌一般承担当物入库前的一道重要工序。他负责将卷包叠好的当物之号码、品名、件数、当本等必要项目书写在一个竹牌或木牌上，然后系在当物之上，使可入库封存，目的在于防止差错，寻取方便。写票、清票、卷包、挂牌这四个岗位统称当铺的中缺。

其后则是当厅后门。因当厅一般是过堂式，故两面设门。后门专供员工出入，迎门处常以照壁代替屏风。

仓库。典当物是当铺放款的保证，一般只限于动产，为各种衣服和衣料，金银珠宝及各种首饰，古董、字画、碑帖、家具等杂品，也有以土地执照作抵押的。它是当铺赖以生存的基础条件，当铺需要空间保管抵押物，仓库就是当铺中保管抵押物的建筑空间，是当铺内部建筑的重要组成部分，由于其保管的是实物所以往往占房较多、面积较大。仓库一般分成两类：一类是首饰房；另一类是普通房，俗称号房。

首饰房用于保管贵重细软，故构造复杂，要求也高。因为首饰是当铺所收抵押品中积小而价昂之物，且本身娇嫩无比，最忌磕碰毁损之类，故在保管中必须格外精心。通常在当铺院内单辟一两间屋，既作为保管珍贵物品的库房，又是所谓内账房。内有供收藏玉件、瓷器、座钟等物用的木橱；供收藏首饰、表饰等小件珍品用的屉柜；供存储银钱用的钱柜等。橱、屉、柜内又分有各类尺寸不一的小格，避免相互碰撞及便于编号。另外，还有算账用的桌、椅、橱等。总之，首饰房是当铺之银钱重地，属于禁区，类似现今的银行金库，非得特许不得擅入。

至于普通库房，是专门用于保管当进衣物的地方，它存储除珍贵物品以外的全部财产，一般能占房一二十间，有些是二层以上的楼房结构，是当铺内部建筑的大头。所有库房都装满长方形木制货架（见图2－9），自地至顶，高及数米。货架分层分格，每层宽约一米，高约2尺，深约1尺5寸，底装薄板，用于架乘储当物；每格宽度则根据需要确定，不求统一。架柱均标明字号，按次排列，以便寻取。两排货架中间留出定道，相距约容一人出入之地。另外，这类库房还设有折梯、高凳若干，用于提取物品。

**图2－9　库房的货架**

在库房工作的人员统称内缺，是指当铺内的管理员，意指内勤工作人员，分布于保管和财务两个部门。其中按工作性质划分共有四个岗位，即保管部门的管饰和管包、财务部门的管账和管钱。管饰是当铺首饰房的专职保管人员，责任十分重大。管包是当铺普通库房的专职保管人员，业务量最大。在一些大当铺的仓库中，因除首饰以外的所有抵押物品都置于楼上贮藏，故又称管包为“管楼”。

配室。配室是当铺的次要房间，包括财务出纳、人员休息、日常生活等，主要的工作人员，管账即会计，是当铺财务部门的核心人员，又叫正账，尊称（账房）先生。管钱即出纳，是当铺财务部门的重要成员。其主要职责包括，每日上午开门营业时，将当天所用的周转资金如数交给当柜营业员，晚上下班关门时再负责收回当柜交还之款项；同时负责核清当铺当天进出及与往来钱庄、银行等其他金融机构之间的一切款项；在此基础上编制开支流水账，登记造册，转交管账。当铺还有伙夫、更夫的编制。

（2）建筑特色

单向串联式的轴线平面结构。由于当铺抵物放款，重物品不重人情的经营原则，决定了其独特的金融流线与平面布局，尤其是旧式当铺，方式独特，特点突出。当铺的业务主要通过单一的收当——取赎获取高利，所有业务流线都围绕这一主线展开，当厅、库房、配室三部分被空间院落沿这条轴线纵向组合（见图2－10），以门或过厅串联起几进院落。通过轴线上院落的形状、尺度以及建筑形体的变化来表达建筑空间的内外主次，区分等级，形成由外到内，由公共到私密的空间过渡。周边封闭的层进的院落，既满足了外部营业部分的界域明确，

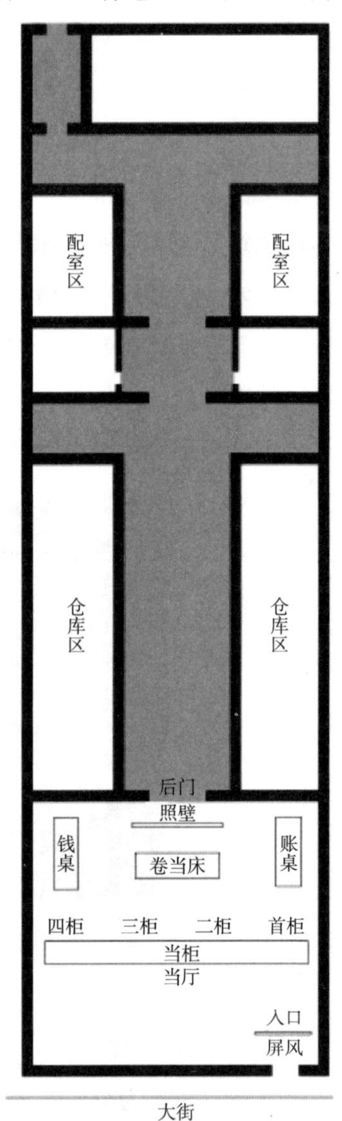


图2－10　当铺平面示意图

又使内部生活区获得了“结庐在人境，而无车马喧”的高度宁静、安全的居住环境。

重中之重的库房设计。在以前科学不发达的时代，所有当铺的库房，在建筑设计时都优先考虑到防火、防潮、防鼠、防虫，因当铺所收押品，系受千家万户之委托，关系甚大，不论绫罗绸缎、布衣寒衫，均要善意待之、妥为保管，稍微处理不当，即会导致当铺本身的财务损失。

空气流通与光线充足便是库房设计的重点，其基本措施就是库房的开窗（见图2-11），库房一般是二层或二层以上的结构，内部布满了高至顶部的木质货架，货架每格高约2尺，2米分为一层，每层设有一排小方窗，层层都有，保证了每层货架的光线。为了防盗窗户的尺寸很小，宽约45厘米，高约55厘米，并在窗外设有栅栏，两窗之间的距离为1.3米。为了在库房内形成空气回流循环，古人就在库房两面或多面开窗，这样更有利于空气流通，以免物品霉烂、发酵、虫蛀，实为上策。

**图2-11　库房的开窗**

古代没有先进的消防系统，对于库房的防火，设计上把库房与当厅、配室用室外空间人为分开，在库房两端设防火墙，并且库房周围多储水，以备不测，配以人员的巡视，实力雄厚的当铺，也在建筑材料上刷上能够防火的漆料。

壁垒森严的建筑立面。当铺房屋的整体建筑形式因时代不同而异。从清末民初或者更早来看，一般当铺的房屋建筑通常是方印式，崇垣环围，窗棂狭小，但都坚固无比。建筑立面形式为传统商铺形式，只是为了安全建筑大门和窗棂通常是铁栏、栅栏等令人望而生畏（见图2－12）。

**图2－12 当铺的大门与围墙**

有些当铺建筑还十分高大挺拔，赫然矗立于街市屋群之中，甚是威严。举目望去，人们即使未见标识字号，亦皆知其为当铺。此类深墙厚院，外观宏伟，气派不凡，欲称“当楼”（见图2－13）。这类当铺为了保证自身安全、防备盗贼袭扰及火灾发生，常在楼顶两端贮放石块石灰，有的还备有硫酸瓶之类；在偏僻地区，屋顶设有炮楼的也不在少数，防卫能力甚强，故总给人以壁垒森严之感。

周密的安全设计与神秘的行业神崇拜。当铺是人类最早的金融机构，虽然当时没有先进的建筑材料和安全的防盗系统，但是在当铺的设计中已体现了作为金融机构的安全设计。首先，是建筑外部设计注意防盗，其次是保管财物的库房开窗方式的防盗，还有就是货币的防盗，有的当铺把货币放入大木箱，放于院内单辟的一两间房屋，也有运用地窖藏银的传统，在靠近护院与东家的房间内挖窖藏银。最后是人力资源补充，专门在配室部分安排了护院守夜之人，夜间巡视，在人力上加强安全防护。

**图2-13　当楼**

行业神崇拜反映了中国传统特色的堪舆祈福思想。长期以来，当业崇拜三神，即财神（赵公明、关公、增福财神）、火神和耗神（或称耗子神）。当铺在当厅内部收当处设石龛，内供奉三位财神，而在库房里供奉火神、耗神，以消灾避祸。

#### 2.2.1.3　典当的衰败

典当业的衰败是由主、客观原因造成的，内因：（1）典当长时期业务以抵物放款为主，模式单一，行业竞争力较钱庄、票号相比望尘莫及、难以匹敌。（2）当铺由于当期长造成赎当不利，导致当铺流动资金被大量挤占，又由于炒卖当票影响赎当，造成当铺不能按期收回贷款本息，严重阻碍资本周转。外因：（1）清政府财政困难，常要当铺“报效”。（2）沈阳当铺的经营活动常遭受各种大的挫折。日本投降后，国民党占领沈阳时，由于政局不稳，典当业更趋衰败。新中国成立后，典当这一高利贷行业随社会主义经济的形成而消失。然而，随着改革开放的实现，特别是社会主义市场经济体制的逐步形成，这个古老而又神秘的行业却悄然复活、得以新生。

**表2－1　　盛京典当业一览**

| 当业名称 | 设立地址 | 备注 |
| --- | --- | --- |
| 广发当 | 小东关 | 乾隆二十六年（1761年）山西人开设 |
| 恒吉当 | 小东关 | 乾隆二十六年（1761年）山西人开设 |
| 德景当 | 大东关 | 乾隆二十六年（1761年）山西人开设 |
| 同和典当 | 工业区三马路广业胡同路南门牌三三号 | 民国19年7月成立，资本：10000银元　股东：刘化南　副理：聂镜昌 |
| 同与典当 | 大东关 | 民国9年5月成立，资本：40000银元　股东：吴泰动　副理：王绍光 |
| 永茂典当 | 保堡安 | 民国19年5月成立，资本：5000银元　股东：高岳文　副理：高云峰 |
| 四恒典当 | 大北关大街路西 | 民国19年8月成立，资本：5000银元　股东：张惠霖　副理：何萝九 |
| 永和典当 | 小西关 | 民国19年2月成立，资本：20000银元　股东：刘瑞卿　副理：刘子东 |
| 義源典当 | 小西门外大街路北门牌一四零号 | 民国22年1月成立，资本：10000银元　股东：杨子良　副理：张景和 |
| 義德典当 | 大西边门外大街路南门牌二四八号 | 民国22年6月成立，资本：21000银元　股东：陈润甫　副理：陈润甫 |
| 庆源典当 | 城内鼓楼西大街路北门牌三二号 | 民国22年7月成立，资本：14000银元　股东：魏铭臣　副理：宋秉初 |
| 世合公典当 | 大南门内 | 民国元年成立，资本：8000银元　股东：世合公银行　副理：张社人 |
| 德厚典当 | 大南门内 | 民国19年9月成立，资本：30000银元　股东：梁景芳　副理：安子林 |
| 顺源典当 | 小西关 | 民国4年10月成立，资本：30000银元　股东：王辅周　副理：侯舜卿 |
| 同義典当 | 小西边门北 | 民国6年4月成立，资本：20000银元　股东：张设五　副理：郭翰卿 |
| 福厚典当 | 大西关大街路南门牌二二三号 | 民国18年成立，资本：5000银元　股东：宋继武　副理：宋继武 |
| 天顺典当 | 小东边门里 | 民国22年7月成立，资本：15000银元　股东：袁玉亭　副理：高子衡 |

续表

| 当业名称 | 设立地址 | 备注 |
| --- | --- | --- |
| 民生典当 | 北市场二十九纬路南门牌一四五号 | 民国19年4月成立，资本：10000银元　股东：侯凤池　副理：侯鸿宾 |
| 增源典当 | 大西边门里 | 民国22年3月成立，资本：20000银元　股东：新民增盛和当　副理：田瑞生 |
| 永義当 | 小北门外大街路东门牌二三号 | 股东：李新亭、胡润甫　经理：杜永五 |
| 顺義当 | 大西关大什街路南门牌七号 | 股东：王福周、王会臣　经理：刘徇卿 |
| 增源当 | 大西关大街下头路南门牌二零零号 | 股东：方向阳　经理：田瑞五 |
| 公济分当 | 小东关小津桥路北门牌三号 | 股份制　经理：谭永田 |
| 公济西当 | 大西关元宝石胡同路西门牌一号 | 股份制　经理：谭永田 |
| 公济北当 | 小北关大街路东 | 股份制　经理：谭永田 |
| 公济接当 | 小西关大街路南门牌二六三号 | 股份制　经理：谭永田 |
| 公济北当代当 | 小北关大街路西门牌一四七号 | 股份制　经理：谭永田 |
| 公济总西代当 | 城内大西门里大街路北门牌二四号 | 股份制　经理：谭永田 |
| 公济转当 | 城内鼓楼南大街路西门牌二五号 | 股份制　经理：谭永田 |
| 永成当 | 南市场二十四纬路 | 股东：任秀山　经理：曹桂五 |
| 万隆当同记 | 大西关大街下头 | 股东：安藤弥一　经理：解泽民 |
| 福源当 | 大西边门外大街路南门牌一九二号 | 股东：彭相亭　经理：常恩培 |
| 宝兴当 | 小东关大街路北门牌一二二号 | 股东：桂柏林　经理：赵麟阁 |
| 天義当 | 大南门外大街路东门牌一八零号 | 股东：张静子等　经理：齐子才 |
| 毅源当 | 工业区三马路北一街路南门牌七四号 | 股东：姚元樨、郭存厚　经理：郭存厚 |
| 永茂当 | 保安堡民富大街路东门牌三一号 | 股东：高耀文　经理：高云峯 |
| 益生当 | 城内小南门里大街路东门牌四五号 | 股东：陶人隽　经理：陶仲 |
| 智和当 | 小东关大什街路南门牌二二三号 | 股东：王尉然　经理：张歧山 |
| 天顺当 | 小东关大街路南门牌二八一号 | 股东：高子衡、袁玉亭　经理：安西权 |
| 厚德当 | 大北关横街路北门牌二五二号 | 股东：王珮琛　经理：张孟翘 |
| 荣厚长当 | 南市场十一纬路大街 | 股东：乔占亭　经理：高润亭 |
| 世合公接当 | 小西关北大什字街口路南门牌二四九号 | 股东：张干臣　经理：崔明远 |
| 同和代当 | 工业区二马路大街路南门牌七三号 | 股东：刘化南、福厚堂　经理：聂镜昌 |
| 纯德当 | 南市场巽从路路南门牌二零号 | 股东：杨子良、佟佩天　经理：温祥符 |

续表

| 当业名称 | 设立地址 | 备注 |
| --- | --- | --- |
| 世合公西当 | 北市场二十四纬路大街路北门牌二八号 | 股东：张四德　经理：刘占元 |
| 永安当 | 北市场十八经路大街路东门牌四一号 | 股东：刘兆祥　经理：李佩增 |
| 东兴分当 | 北市场二十七纬路大街路北门牌六号 | 股东：大兴公司　经理：吴秀山 |
| 东兴转当 | 北市场十八经路大街路东门牌二五号 | 股东：大兴公司　经理：吴秀山 |
| 同兴接当 | 大东区长安大街路南门牌一零一号 | 股东：吴泰动　经理：刘佐臣 |
| 东兴接当 | 大东门外大街路北门牌八一号 | 股份制　经理：王松岩 |
| 永德当 | 北市场广预里路东门牌一五号 | 股东：陈润圃　经理：柏永春 |
| 公济代当 | 大南关大什街路北门牌二零六 | 股份制　经理：谭永田 |
| 永和当 | 小西关大什街路西门牌六一号 | 股东：周佩祥　经理：李祥 |
| 济民当 | 揽军屯中央大街路南门牌八三号 | 股东：何贯纪　经理：何贯纪 |
| 公济总当代当 | 大东门里大街路南门牌三八号 | 股份制　经理：谭永田 |
| 公济代当支柜 | 小南关大街路东门牌一三四号 | 股份制　经理：谭永田 |
| 晋源代当 | 大北关大街路西门牌二三三号 | 股东：晋源当　经理：冯鑫泉 |
| 晋聚代当 | 大南关下头路西门牌一三三号 | 股东：杜养正等　经理：韩子新 |
| 四恒代当 | 大北关横街路西门牌二七六号 | 股东：四恒当　经理：李庆云 |
| 厚德代当 | 大北关大街路西门牌三二五号 | 股东：王佩琛　经理：张孟翘 |

### 2.2.2 货币兑换的钱庄

钱庄是专门从事货币兑换赚取差价的金融机构，由于其特有的经营范围，一度成为外商的买办，作为较当铺进步的中国传统金融机构，钱庄的建筑在其发展历程中有自己独到之处。

#### 2.2.2.1 钱庄的起源与建筑初期发展

钱庄源于兑换业，其赖以生存的土壤是中国封建王朝长期的币制不统一。明中叶以前的信用事业没有明显的发展，基本上仍是宋、元的情况。明中叶以后商品经济有了新的发展，资本主义因素在封建经济内部的萌芽与增长，促使信用关系与金融事业显著发展。与此同时，贵重金属白银发展成为普通通用货币，各种物价都用银来表示，白银取代了铜钱而成为流通中的主要货币，从而形成了我国封建社会后期流通界，以银为主、以铜钱为辅的钱银并行的货币流通制度。大数用银，小数用钱，各地又没有统一的制钱标准，这就促使专门从事银两和制钱兑换的钱庄开始兴起。钱庄是由于钱币的兑换而产生的一种较典当业更新的信用机关。在清初的文献中，习惯地称钱庄为“卖钱之经纪铺”。

1625 年 3 月（清天命十年）努尔哈赤迁都沈阳，定沈阳为盛京，兴建宫殿、庙宇，开辟商业街区，华北地区的商人纷沓而至，多集中于城内四平街（中街）开设丝房、金银店铺、杂货商号，将关内一些经商形式带入沈阳。由于沈阳流通的货币复杂，金属货币与纸钞长期交相行用，官造私制均有，币种间经常发生差异，给商品交换带来不便，于是出现钱币兑换业。

盛京最初的钱庄“建筑”是在大南、小南城门脸集市中，摆放一方桌，桌旁静坐二人，称为钱桌业者（见图 2 - 14、图 2 - 15），桌上置有几串当地使用的铜钱以示招牌之用，还有用于计算的天平算盘等物，如有客人兑换，当即按照银两的成色进行兑换，有的用天平称，大都是经营者用眼估量，从中以差额牟利。

**图 2 - 14　街头的钱桌业者**

**图 2－15 街头兑换**

随着盛京钱庄的发展，钱庄的“建筑”由一张方桌慢慢地发展为室内一角（见图 2－16）。有很多称为钱庄的商号，其实是粮栈、油坊、药铺兼作兑换生意，只在营业门面室内一角进行兑换。

**图 2－16 兼作钱庄的米店**

正规的钱庄建筑出现于乾隆初年，小北关萃丰店胡同开设的源生太钱铺，其主要业务以钱币兑换为主，以存放款项，发行庄票、钱票为辅，它的性质和业务范围与商业银行基本相同。道光年间，山西人经营的隆丰东、富森竣、环泉福等钱铺在钱庄业中占有重要地位。咸丰至光绪年间，流通货币更加繁杂，质形各异，币值不一，兑换频繁，钱铺进入极盛时期。

#### 2.2.2.2 钱庄建筑的特色

由于钱庄的业务主要是兑换货币，这就决定了它不同于当铺的平面结构与建筑形式。

（1）前市后居的平面结构

钱庄与当铺不同，它经营的是货币生意，它的生意经是以钱换钱的买卖，以兑换的差额牟利，而且后期从事信贷，采取的也是信用担保，无需抵押物。所以建筑占地较小，分为前后两部分。建筑整体布局是与民居相结合的院落式布局，前边是面向外部营业部分，后部完全是主人生活部分，而且前半部分所占比例小于后部分。沈阳钱庄多小本经营，所以有的营业部分直接对外（见图2－17），仅在柜台上部设有栅栏。大多钱庄像一般的商铺，敞开大门就是喧闹的街道。大门是早期钱庄职员休息的地方，当业务不是很忙时，职员们可以在此休息，并随时听候差遣，室内以柜台一分为二（见图2－18），

图2－17　直接对外的钱币兑换

图2－18　钱庄交易场

左边是顾客活动区，右边是实际操作的场所，一般设有对外的柜台高约1.2米，为了在交易时避免盗抢，在柜台上部木制或铁制栅栏，柜内面积不大，一般就容纳负责业务的先生1～2人，写账先生一人，柜台靠近内院一侧设有出口。钱庄的金库位于隐蔽的地方，有的还是用地窑藏银的方式（见图2－19），实力雄厚的钱庄则用水泥铸成，并用铁钩加固，十分严实。在内部生活区与外部营业区之间设置影壁，以遮挡外部视线。内部生活区就按照传统民居分为正厅是供全家活动、待客之用，按清朝规定不超过三间，一明两暗，东西厢房是供晚辈或掌盘先生居住的地方，房间最后一排是后罩房，供职员、仆人居住，并且在后罩房西侧开门通向边胡同，此入口也是内部人员入口，反映了早期金融建筑对不同人流入口的设计。

**图2－19　地窑藏银**

与当铺相比，钱庄的业务主要从事兑换，并且贷款也是信用制度，不像当铺那样以大面积的库房联系内与外，而钱庄业务开始与结束全发生在营业部分，内部生活与外部营业豁然分开，外部的喧嚣与内部的宁静生活形成对比，具有典型的前市后居的布局。这也是中国传统民居的一种变形，院落联系不同的使用空间，表现了中国传统建筑重群体空间创造，轻单体建筑的文化。

（2）因地制宜的立面形式

钱庄为了方便生意大都在建筑朝街的一侧开栅栏窗口，但沈阳由于天气寒冷，这一做法不是很普遍。建筑样式采取抬梁式结构（见图 2 - 20），硬山屋面，其脊饰简单清水脊、皮条脊。建筑材料因地制宜地采用青砖。古代的砌筑方式为磨砖对缝，即青砖皆经过砍磨加工，一般将砖的看面及四侧面砍直磨细，砌筑时外皮砖与背里砖要位接找平垫稳，灌浆，最后表面打点、磨平，露极细灰缝，钱庄一般采用一顺一丁、三顺一丁的方式。建筑两端山墙近檐口处用砖叠砌，使山墙上皮与檐枋下皮平齐。

**图 2 - 20　钱庄建筑立面**

（3）物化的封建礼教体制

钱庄的封建礼教家长制色彩，从它的体制到建筑平面上都得到了充分印证。钱庄的从业人员大部分都经过学徒，学徒满师出道要到别的钱庄去当跑街或者独立经营拉新局头即组织新钱庄，此时别人就要了解他的出身，如探问是某人的学生或某人的师兄弟，以此来衡量他的社会关系。汇划钱庄的学徒，有的是有相当的身家来历的。一般有地位的钱庄经理，大多与其他钱庄经理互相易子而教，也有把自己的儿子直接安排在本人主持的钱庄里指定副经理为指导老师，为父子相传衣钵，奠定基础，这是钱庄体制上的封建传统。

在建筑平面布局划分也体现了尊卑有别的等级观念，充分肯定家族中的族权、父权、夫权的神圣。安排住房一定要按照中为上、侧为下、后为上、前为下、左为上、右为下的次序，距中轴线或正厅近者为尊，远者为卑。建筑以北屋为尊，两厢次之，倒座为宾，杂屋为附的位置序列安排，完全是父慈子孝、夫唱妇随、事兄以悌、朋交以义的人生道德伦理观念的现实转化。

#### 2.2.2.3 衰败原因

钱庄衰败的主要原因是，20 世纪初因新式银行兴起，统一了币制，那么钱庄失去了赖以生存的土壤，失去了主要业务兑换钱业。后又因上海“橡皮股票风潮”的波及影响，业务状况日益萎缩。钱庄为挽回颓势，纷纷改组银行。如大北关成元会、渊泉溥、锦泉福、义太长、富森峻 5 家山西帮钱庄组成的志城银行，小西关太记和大西关隆太东组成的隆泰东银行。从此，钱庄业在金融市场上的地位严重削弱，并被置于日伪金融系统控制之下，钱庄银号的名义基本消失。

**表 2－2　　盛京钱庄业一览**

| 名称 | 主要业务 | 设立地址 | 资本主 | 备注 |
|---|---|---|---|---|
| 源生态钱庄 | 钱币兑换存放款 | 是在小北关萃丰店胡同 | | 开设日期：乾隆初年 |
| 合盛东钱庄 | | | | |
| 万忆恒钱庄 | | 盛京小北关萃华胡同 | | 开设日期：光绪十七年 |
| 志城信分庄 | | 小北关万盛店 | | 开设日期：1871 年 |
| 永和久钱庄 | 货欵 | 大北关火神庙胡同路北门牌四四号 | 单宝珊<br>刘镒璞 | 经理：孔蓝田 |
| 宝兴号钱庄 | 兑换钱钞 | 小西门外大街路北门牌八号 | 刘焕章<br>刘春廷 | 经理：刘焕章 |
| 谦盛亨钱庄 | | | | |

续表

| 名称 | 主要业务 | 设立地址 | 资本主 | 备注 |
| --- | --- | --- | --- | --- |
| 公泰昶钱号 | 兑换钱钞 | 小西边门外大街路南门牌三一五号 | 马顯瑞 | 经理：马顯瑞 |
| 泰记钱号 | 兑换钱钞 | 小西门外大街路北门牌一五号 | 吕壹臣 | 经理：白子玺 |
| 复兴恭钱庄 | 兑换钱钞 | 小西关大街路南门牌二七六号 | 王盛林 | 经理：王盛林 |
| 咸元会钱庄 | | | | |
| 峻源隆 | 兑换钱 | 小西门外大街路北门牌二号 | 常世峻 | 经理：常世峻 |
| 福生祥 | 兑换钱钞 | 大东区长安大街路南七八号门牌 | 王樹菖 | 经理：王樹菖 |
| 流生号 | 兑换钱 | 大西边门外大街路南门牌二六六号 | 李寅生 | 经理：李寅生 |
| 聚盛茂 | 兑换 | 鼓楼北大街路东门牌三八号 | 赵云亭 | 经理：宋启春 |
| 广隆银号新记 | 兑换钱币 | 鼓楼西大街路北门牌九号 | 刘明新 | 经理：刘明新 |
| 环泉福钱庄 | | | | 开设日期道光年间 |
| 公聚号 | 兑换钱钞 | 大西关大街路南门牌一八九号 | 刘竟学 | 经理：刘竟学 |
| 庆祥银号 | 兑换 | 北市场十九经路西门牌七四号 | 王庆祥 | 经理：王庆祥 |
| 大有玉钱号 | | | | 开设日期：道光二十六年 |
| 隆全号 | 兑换钱钞 | 北市场与奉路大街路南门牌二三号 | 张仙洲 | 经理：张仙洲 |
| 益盛永 | 兑换钱 | 大西门里大街路北门牌十七号 | 石声梧 | 经理：石声梧 |
| 福顺钱庄 | 兑换钱钞 | 北市场十八经路大街路西门牌五一号 | 孙福山 | 经理：孙福山 |
| 广裕钱号 | 兑换钱 | 大西边门外大街路南门牌二一七号 | 楚寿田<br>白秀山 | 经理：楚寿田 |
| 大德隆钱庄 | | | | |
| 富森峻钱庄 | | | | 开设日期：道光年二十一年 |
| 庆声钱号 | 兑换钱钞 | 大西关大街路南门牌二二九号 | 王文声 | 经理：王文声 |
| 渊泉溥钱庄 | | | | 开设日期：道光十一年（1831年） |
| 东昇钱号 | 兑换钱钞 | 北市场十九经路大街路西门牌七一号 | 赵凤 | 经理：姚功臣 |
| 利源达 | 兑换钱 | 小西门外电车路路西门牌二七九号 | 刘春瑞 | 经理：刘春瑞 |
| 羲生源 | 兑换金钱 | 小西关大街路南门牌一九七号 | 张荣生 | 经理：张荣生 |
| 天顺兴福记 | 兑换钱钞 | 大南门外大街路东门牌一七八号 | 李有仁 | 经理：李有仁 |

续表

| 名称 | 主要业务 | 设立地址 | 资本主 | 备注 |
| --- | --- | --- | --- | --- |
| 义太长钱庄 | | | | |
| 大兴源 | 兑换钱 | 小东门外大街路南门牌一七九号 | 刘泽浦 | 经理：刘泽浦 |
| 泰来东 | 兑换金钱 | 大西关大街路北门牌三三号 | 韦冠卿 | 经理：韦冠卿 |
| 大隆银号 | 兑换钱钞 | 北市场二十六纬路大街路南门牌七零号 | 霍龍震 | 经理：霍龍震 |
| 丰盛和 | 兑换银钱 | 小东门里大街路南门牌四三号 | 张延宣 | 经理：张延宣 |
| 永盛茂 | 兑换金钞 | 大西关大街路北门牌一二零号 | 李鹏三 | 经理：李鹏三 |
| 宝丰东 | 兑换 | 大南门里大街路东门牌五七号 | 张凤阁 | 经理：张凤阁 |
| 信成祥 | 兑换 | 城内钟楼北大街路东门牌三六号 | 陈子舟 | 经理：陈子舟 |
| 德记钱号 | 钱钞兑换 | 北市场十八经路西门牌三四号 | 崔尚文 | 经理：崔尚文 |
| 義兴泰 | 兑换 | 城内鼓楼南大街路西门牌二四号 | 贾永昌 | 经理：赵城壁 |
| 庆昌号 | 兑换 | 城内大西门里大街路南门牌六四号 | 王子骞 | 经理：王子骞 |
| 慎德银钱号 | 兑换 | 北市场二十六纬路大街路北门牌三七号 | 徐宅三 | 经理：徐宅三 |
| 永兴福 | 兑换 | 城内鼓楼南大街路东门牌五四号 | 范声久 | 经理：范声久 |
| 广济银号 | 兑换钱钞 | 北市场铁道大街路北门牌三七号 | 曹汉臣 | 经理：韩志升 |
| 義成银号 | 兑换钱钞 | 北市场十九经大街路西门牌七五号 | 易桐轩 | 经理：易桐轩 |
| 益丰银号 | 兑换钱钞 | 小西关大街路南门牌二四二号 | 李少轩 | 经理：侯秉和 |
| 永大银号 | 兑换钱钞 | 大南门外大街路西门牌一五号 | 曹国政 | 经理：曹国政 |
| 聚源长 | 兑换 | 小西门外电车路路南门牌二零七号 | 胡英棠 | 经理：胡英棠 |
| 中孚银号 | 兑换 | 小西门外大街路北门牌三六号 | 郭振动 | 经理：郭振动 |
| 益丰号 | 兑换钱钞 | 小西关大街路南门牌二四二号 | 李少轩 | 经理：李少轩 |
| 大德银号 | 兑换钱钞 | 十间房一纬路路南门牌二二八号 | 郭忠宝 | 经理：郭忠宝 |
| 福源长 | 兑换 | 大西边门外大街路北门牌三七号 | 杨玉林 | 经理：杨玉林 |
| 福源钱号 | 兑换 | 北市场二十六纬路大街路南六六号 | 吴占福 | 经理：吴占福 |
| 聚合兴 | 兑换 | 揽军屯中央大街路南门牌七号 | 李荫枫 | 经理：李荫枫 |
| 润兴成 | 兑换钱钞 | 小西门外电车路路西门牌二七九号 | 王成云 | 经理：王成云 |
| 同庆长 | 兑换钱钞 | 大西关大街路南门牌二三八号 | 王韶舞 | 经理：王韶舞 |
| 義诚永 | 兑换钱钞 | 小西关大街路南门牌二九五号 | 富万金 | 经理：崔占廷 |

### 2.2.3　汇通天下的票号

相对于钱庄来说，票号产生的时间较晚，创始于清乾隆年间，除少数票号由浙江、河北人经营外，多数为山西人所开设，故又称山西票号。票号用金融票据往来的方式，代替实行了几千年的商业外来必须用金银来支付和结算的老办法。

#### 2.2.3.1　产生原因

票号的产生同其他事物一样，是由主客观条件决定的。就客观条件来说，其一是在明末清初，国内商品经济发展的大环境中和民间书信不通的历史结束的时刻产生的。具体来说是：明末清初，中国资本主义有了一定的发展，工商业进入工场手工业和大商业发展阶段，资本的所有权与经营权实现了分离；工商业出现了经营资本的困难，于是向社会提出信用支持的需求。其二是清乾隆嘉庆年间，金融流通全靠镖解运现。每遇事变发生，则常使金融梗塞。其三是清嘉庆道光年间，伴随商品经济的发展，大商业普遍实行总分号制，以及出外经商做工人群增加，通信成为社会的普遍要求，从而促成民信局的产生和发展，结束了我国民间书信不通的历史，也为票号邮通天下，异地汇兑业务提供了条件。

#### 2.2.3.2　盛京票号的发展

盛京是清朝的陪都，是清朝的发祥地，每年拨银数百万两，修缮故宫、皇陵，辟“御路”直通盛京，冀、鲁、豫大批移民来此定居，务农、做工、经商，关内外贸易迅速发展，伴随着商人的到来，票号也跋山涉水地来到了这里，票号始于道光、同治年间，据资料可查，于1862年（同治元年）设立盛京（奉天）城关小北关德成店开设的蔚泰厚分庄，为平遥帮，是沈阳出现较早、实力较大的票号，资本家是山西太原府的蔚某。

百年前人们用“一纸符信之遥传，万两百银之立集”来形容票号，说的就是票号业务以汇兑为主，为商人往来经商之便。成立初期，建筑形式比较简单，多与商铺结合，只是街市边的建筑门面而已，后部没有居住空间。待票号经营扩展后逐渐增加存款、放款和兼营商业投资以及货物买卖等营业事项。建筑规模形式也发生了变化，到19世纪60年代到90年代，票号进入“黄金时代”，以经营商品交易的资金调拨，逐渐扩展为代清政府办理汇兑官租捐税款。

#### 2.2.3.3　建筑特色

（1）幽深院落的平面布局

票号平面（见图2－21）沿南北纵轴线，由三进式院落组合而成，东侧为狭长的南北小跨院，整座建筑用地紧凑，布局严谨。建筑坐北朝南，按使用性质分为营业用房、客房和辅助用房，功能分区明确，正院纵长，分前院和后院两部分。前院集中设置柜房、信房、账房等营业用房，后院设置客厅和客房。前后两院由过厅分隔为既相互独立又彼此连通的空间。小跨院集中设置雇员和佣人居室、厨房、杂屋和厕所等辅助用房。

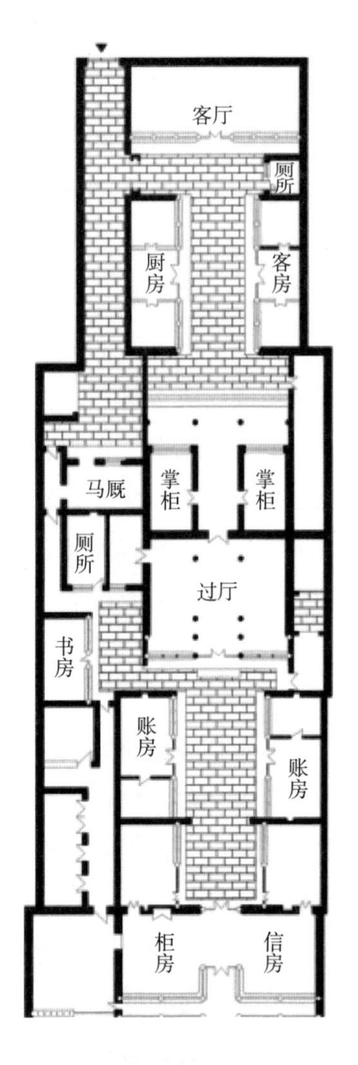

**图2－21　票号平面图**

票号业务布局已经较钱庄进步，不再是所有业务都在一个柜台办理，而是根据业务不同进行分区。票号一进院设对外营业的柜房、信房，在房间两端各设两个柜台，柜房主要为汇兑收取现银，由于收银和放银的需要，在票号的营业柜房内全都专门修砌了地下金库，库内放置层层木架存放银两。柜台上部为了安全设置栅栏，信房是为顾客写汇票而设，在柜房与信房两个柜台之间顶部设有滑索，当柜房收取现银完毕就边唱边把汇据用小夹固定顺着滑索滑向对面的信房，再由信房开票。这时票号开始重视对外营业部分建筑，室内彩画藻井吊顶，并在顾客等待区设有桌椅。二进院设账房主要用于内部经营管理。

票号的前院正房是体量最大的建筑，是前后院的过渡，起着承接营业与各房活动的作用。它是兼有过厅和掌柜起居办公的功能，故由南北二厅组成，共用一个后墙，由木板分成上下二层。正房室内是整个院落的精神中心。室内家具往往沿中轴线对称布局，暗示一种“向心性”。家族的内聚力转换为空间的内聚力，这种内聚力潜藏在每位家庭成员的意识中，通过装饰、摆设以及人的行动而烘托出特定的气氛，使人切切实实地感到这种内聚力的存在。

在传统的民居中，后院用于主人和家眷起居。票号却用于客厅和客房，这也是由于票号汇兑业务的需要。其一票号设于外埠的分号码头常由雇员和镖头押送银两往来沈阳小住；其二外埠客商时常派员赴沈阳联系业务，因此，票号后院正房设客厅，东西厢房分设客房和厨房，其建筑与结构形式基本和前院厢房相同，但是明间的开间和进深均小于前院厢房。原因在于前院厢房需有较大的室内空间提供汇兑业务活动，而后院厢房仅供客人起居，功能相对比较单一。后院室内空间减少，既为客人提供了较大的室外活动余地，同时也使客厅建筑在视觉上显得恢宏舒展，庭院空间尺度更加宜人。

（2）先收后放的空间序列

票号的空间序列以经营门面为起点，随着向内院的行进而逐渐展开。空间组织层次很多，内容较丰富，空间性质随着由外而内逐步进入，自然而然地由“公共空间”转化为“私密空间”。

票号的空间序列为：商铺—外院—过厅—内院—客厅（见图2－21）。

票号的外观比较封闭，铺面便成为单调的街道上重要的活跃元素。穿过柜房、账房首先看到的是与过道正对的过厅，过厅不仅具有使用功能，也能够起到遮挡和导向的功能，而且增加了空间意味和视觉层次。从大门到过厅是一段狭窄的小空间，街道的空间尺度比院内的空间尺度大得多，通过住宅的大门到过厅空间的收敛，一方面使内外的尺度变化不至于过于强烈，内外空间在此渗透连接；另一方面也使得院内的空间感觉舒展、开阔。从这一空间走向内院，光线先暗淡后明亮，空间先收后放，尺度先窄后宽，这里是整个院落空间序列的起点，也是空间性质转化至关重要的一环。

过厅的门实际上是门道，它利用过厅室内的装饰及过厅门道尽端的屏门加强了由放到收的空间效果。通过这些节点的作用，使空间序列产生了丰富的节奏和韵律，空间层次在这种起伏变化中显得更为丰富。两进院落之间过渡性要素是空间序列上的一个重要节点，它可以改变空间的性质。过厅的存在，明确界定了院落的空间范围和两进院落相交的边线，成为这条边线上的突破口，它表明外院的终结和内院的开始，两进院落空间在这里互相渗透。

过厅其后进入了内院，我们常说，院落是没有屋顶的封闭空间，其本身没有明确的方向性，只有经过建筑的围合才能形成其尺度和形状，而且也只有有了院落才能产生建筑物向心的布局。院落与建筑物尺度的对比可以创造出不同的空间感——开敞、封闭、肃穆、压抑等。

（3）兼收并蓄的建筑风格

票号的建筑规划兼收并蓄，既采用三进式院落，体现了民居的传统特色，又吸收了商业店铺的风格，达到了使用功能和建筑艺术的完美统一。三进院落形状不一，分别呈 I 形、T 形和工形，沿中轴线纵横交错，有前序、有主体，辅以门庭、洞门、过厅和夹道等多种空间过渡方式，使本来面积不大的庭院在空间组合上形成了丰富的变化，创造了幽深静谧的舒适环境。一是高低错落的东西厢房衬托着中轴线上的三座主要建筑，使票号的建筑轮廓线跌宕起伏，富有强烈的韵律，不仅统一了这一组建筑群的艺术风貌，而且与变化的庭院空间融为一体，成为我国北方传统建筑中颇具特色的艺术精品。二是更加注重建筑功能的需要，装饰古朴典雅，充分体现了票号效益求实特点，反映了我国资本主义经济形成早期对传统建筑在思想观念和建筑风格上所产生的积极影响。

（4）缜密的安全设计

票号设有两处入口（见图 2 - 21）。主要入口临西大街，供客商进出联系汇兑业务。院内地坪与西大街高差 1 米，为方便客商运送银两的车辆通行，除铺面前砌筑三级石阶外，门洞内以砂岩石铺装成坡道，这种做法和通常商号正门均置石阶明显不同，更加实用，次要入口设于后街，此门直通南跨院，供票号货运，马车可驶入院内。南跨院为封闭式的狭长通道，无窗，既可防火，又可防盗。从南跨院进入主院或北跨院，必须通过洞门或安装有两道板门的小夹道，足见票号设计建造设防之严密。

建筑所有外墙只有临街的铺面为宽厚的木板门，其余均为高大厚实的砖石墙体，外观封闭，大院深深。这种安全防护措施处理墙体厚度和高度却大大超过民居建筑，更重要的是要使票号的建筑功能满足汇兑业务存储银两的特殊要求。

### 2.2.3.4　衰败原因

新式银行兴起后，票号渐衰，光绪末期沈阳仅存11家。民国初期，沈阳票号的业务已被官银号和中国银行、交通银行、殖边银行等银行的汇兑业务所取代，大多数票号转业，在金融行业中基本消失。

本来，已经有了经营全国性汇兑业务的经验，资本实力相当雄厚，分支机构遍布全国的山西票号是最有条件也最有可能转变成为现代银行的。但由于中国特殊的社会经济条件的限制和束缚，它没有能够转化成功，这是一种历史的遗憾。衰败的外因：（1）与清政府勾结，在清代中后期成为清政府的财政支柱。在清政府财政危机一天天加深的情况下，两者却一步步加紧了勾结，在票号的畸形发展、繁荣之时，正是其孕育着巨大危机之时。因此，至辛亥革命爆发，票号在政治上失去了靠山，各地票号损失很大，于是便纷纷地倒闭了，票号遂绝于金融界了。（2）新兴银行成立，清政府的大笔税收都交与户部银行，票号失去了大部分市场。衰败的内因：（1）蜕化的业务范围，随着经济的发展演变，各种经济关系更趋繁复，受经济决定的金融，越来越向综合化和多功能化方向发展演变，那种单纯以经营汇兑为主的票号便不那么适合需要而难以维持其生存了。（2）票号在经营管理中的弊端，影响了其发展壮大，降低了其抵御风险的能力。一是只重分红，普遍不重视资本的积累；二是过度依赖信誉，只做信用放款，而不做抵押，严重地违背了金融业的谨慎原则。

表2-3 盛京票号业一览

| 名称 | 设立日期 | 地址 | 备注 |
| --- | --- | --- | --- |
| 蔚泰厚票号 | 1862 年 | 小北关德成店 | 为平遥帮，资本家是山西太原府的蔚某 |
| 志成信分庄 | 1871 年 | | 为太谷帮，属于大北关万盛店分庄 |
| 存义公票号 | | | |
| 三晋源票庄 | | | |
| 合盛元票庄 | | | |
| 关内万票庄 | | | |
| 大德玉票号 | | | 为祁县帮，大德兴连字号 |
| 大德通票号 | | | 为祁县帮，大德兴连字号 |
| 大德川票号 | | | 为祁县帮，大德兴连字号 |
| 大德恒票号 | | | 为祁县帮，大德兴连字号 |
| 大盛川票号 | | | |
| 中兴和票庄 | | | |
| 协盛谦票庄 | | | |

## 2.3 本章小结

“人类没有任何一种重要的思想不被建筑艺术写在石头上”。中国素来被誉为礼仪之邦，社会生活的各个方面无不讲究礼仪规范。研究传统金融建筑，就是为了根植于中国传统建筑文化来研究近代金融建筑，才是近代金融建筑“中国观”的体现，才造就了我们不同于西方的近代金融建筑。纵观中国传统金融建筑，无论是立业之本，还是经营之道，无论是建筑形式，还是建筑空间，无一不反映出中国博大精深的传统文化。

孔子说“人而无信，不知其可也”。在经营制度上，钱庄票号坚持以诚信为宗旨，以重人情而轻实物为放款原则，充分反映了儒家伦理的“信”“义”等原则。在管理制度上，以封建礼教家长制为根本，正如《礼记·曲礼》说“夫礼者，所以定亲疏、决嫌疑、别同异、明是非也”，股东把生意交与掌柜，掌柜成为统领一切的大家长，每个人首先要考虑的是安伦尽分，维护整体秩序，绝不可逾越级别行事。

金融建筑的形成也深受儒家哲学思想的影响。如前所述，当铺、钱庄、票号都是采用前市后居的布局形式，庭院来组织功能不同的建筑空间，是重视群体空间营造的传统建筑文化最好的印证。并且将庭院沿着纵深的中轴线排列成严整的格局，通过对建筑的造型和空间的大小、高低、主次、抑扬等方面的严格要求与安排，将严密的礼制仪规演绎为严谨的空间序列，并以空间的等级区分出人群的等级，以建筑的秩序展示了伦理的秩序。内向的、一正两厢的核心庭院，满足了礼教追求的正偏、主从关系，并以端庄、凝重的氛围和强大的向心力、内聚力，强调出主体空间的主旋律。院落重重，庭院深深，纵深轴线在这里既是经营起居活动的行为主线，也是建筑时空的观赏动线，建筑的空间表现力得到充分的展现，建筑的时空性也得到充分发挥。整个建筑格局成了尊卑有等、贵贱有分、长幼有序的礼的物化形式，凝聚着深厚的历史文化沉淀，充分展现了中和的美、规范的美、成熟的美。它体现着礼与乐的统一，等级性、规范性，造就了严整、端庄、凝重、和谐的建筑品格。

中国传统金融建筑是我国特定历史阶段经济、社会和思想文化的产物，凝聚着我国劳动人民的智慧和技艺，对于形成近代金融建筑曾经起着重要承启作用。

# 第3章　重镇陪都沐西风<br>近代银行展新颜

当中国封建社会和清王朝统治日益没落的时候，英国、法国、美国的资本主义却以惊人的速度迅速地发展起来。随着资本主义的发展，资产阶级开始寻求新的原料产地和商品市场，开拓新的殖民地。以英国为首的资本主义国家早就对地大物博的中国怀有野心，急于开辟中国这一广阔市场。但在正当的中外贸易中，中国长期处于出超的地位，每年都有大量的白银流入中国。这种贸易逆差的状况，是英国所未设想的，为了改变这种局面，英国经过一段摸索，决心用鸦片叩开中国的大门。1840 年，爆发了震惊世界的中英鸦片战争。

鸦片战争后，中英签订《南京条约》，中国的门户洞开，成为各国商品的倾销市场。同时，西方的思想文化涌入华夏大地，随之而来的也有西方的金融机构——银行，它是列强在华金融活动的主角，活跃在中国经济乃至外交、政治的舞台上。外商银行的职责不再专为银行本身谋利益，而在替其本国政府执行对华经济扩张政策服务，是各国在华投资枢纽，它们从金融财政上扼制了中国的咽喉。没有它们，列强在华将无法输出商品与资本。不过外国银行资本输入，也引进了一些先进的生产技术，以其完备的经营制度冲击着中国旧有的金融机构。

## 3.1　文明的冲突期（1858—1905 年）

### 3.1.1　外资银行进入沈阳城

外国人中首先注目于盛京（沈阳）的战略和经济地位的是沙俄及日本。

1858年根据《天津条约》，营口被迫开埠，俄国企图把东北变成“黄俄罗斯”，日本则把“满洲”视为自己的生命线，两个国家也一直为争夺沈阳乃至东北的侵略特权而斗争。先是沙俄利用外交手段，答应作为清政府的同盟者阻止日本利用《马关条约》独占辽宁海岸线，并以此为条件与清政府签订了《中俄密约》（1896.6）、《旅大租地条约》（1898.3）、《续订旅大租地条约》（1898.4）等一系列条约，根据同盟条约第4款，中国政府给予俄国经过中国东北部到海参崴的铁路筑建权，名为便于战时俄军的输送。这样，在中国东北历史上出现了外人在铁路沿线一定区域内拥有行政、驻军、司法、采矿、贸易减免税等特权的铁路附属地。中东铁路成为沙俄帝国主义对中国东北政治、经济侵略的大动脉。同时，西方文化也随着中东铁路源源不断地输入我国东北，成为文化渗透的重要渠道。

俄国势力伸入远东以后，处处与日本利益相冲突。1900年，中国义和团运动兴起，沙俄也趁机出兵中国东北镇压义和团运动，但运动被镇压以后沙俄仍迟迟不肯撤兵东北，企图趁机占领东北。由此，东亚新兴强国日本与俄国的战争势在必行。1904年2月，筹划已久的日本舰队突袭了俄驻于朝鲜的仁川港及中国旅顺港的太平洋舰队。一场旨在重新瓜分中国东北的帝国主义战争在中国领土上爆发了。日俄战争结束，双方签订《朴茨茅斯条约》，竟在中国东北划分出各自的势力范围，俄国居有北满，南满归日本。日本全面接收了沙俄在沈阳的特权，日本把从俄国人手中夺得的“铁路用地”称为“满铁附属地”。

日、俄等列强对沈阳的资本输出主要表现在建银行、发钞票、修铁路、开工厂等，直接控制沈阳的交通运输、货币流通和商品市场。帝国主义在沈阳进行的一切活动，其主观目的都是为寻找商品市场、投资场所和原料产地，使其获得最大的经济利益，以实现其政治经济侵略的目的。银行作为帝国主义经济侵略的急先锋，也在这个时候出现在古老的盛京城。最早出现在盛京沈阳的近代银行是俄国的华俄道胜银行，紧随其后的是日本横滨正金银行。它们带来了新的融通方式，经营业务对沈阳传统古老的钱庄、票号造成了冲击。

### 3.1.2 近代金融建筑的发端

中国是东亚文明的中心，在古代历史的长期发展过程中，形成了“自我中心论”的认知传统，视周边民族为夷狄，对外来文明很少作认真的研究和努力摄取。虽然经历了鸦片战争这种“数千年未有之变局”，中国朝野人士并未从华夷之辨的天朝意象中解脱出来，还是保持着“普天之下，莫非王土；率土之滨，莫非王臣”的天朝大国思想，狭隘的思想直接阻碍了西方先进文化的输入，人们对于西方文化持有强烈排斥心理。当那些完全不同于中国传统金融建筑的西式银行出现的时候，沈阳人大多是新奇和诧异，除此之外，更多的是鄙视，认为是“夷人”所为，又因为外国人是随着洋枪洋炮而进入沈阳的，对于西方的东西中国人还怀有一种民族的仇恨，所以对于早期银行建筑沈阳人并没有任何好感。在这种社会心态支配下，盛京城近代金融建筑发展初期只能是中国传统建筑与西式建筑相互对峙的局面。

一方面，传统的中国金融机构仍继续以传统的中国方式建造，丝毫没有因为外来势力文化的入侵而改变。由于商人们对银行都不信任，所以这个时期沈阳仍以典当、钱庄、票号为融通资金的机构。在盛京商业繁茂地，旧有的金融机构仍然固守着传统，典当以抵押放款，钱庄靠兑换营生，票号汇通天下，三者各司其职。建筑平面布局、建筑立面形式、木结构以及建筑材料都未有大的发展。

另一方面，俄国人与日本人也按照他们自己所习惯的方法去建造银行，并未主动迎合盛京当地的传统。有趣的是日本人修建的银行，其建筑风格不属于东方文化，而是以“欧式”为模板，其原因何在呢？这是因为，在漫长的封建农业时代，中国长期雄踞东亚世界的“中心文明”地位，东亚诸国长期与中国封建王朝保持着封建宗藩关系，而处于“边缘文明”的日本则依靠摄取中国古代文明实现了由野蛮步入文明的跳跃式发展，并铸就了日本民族主动摄取外来文化的性格，为日本近代学习西方、摄取外来文化，实现现代化准备了思想条件。到了近代，西方列强凭借坚船利炮纷纷东侵，中国失去了东亚世界的文明中心地位，而日本则通过明治维新，以西洋现代化模式改造日本，使社会在短时间内发生了巨变，实现资本主义现代化，始居东亚霸主地位。那么作为社会发展中的重要学科，日本建筑学也积极向西方学习，引起了国内建筑技术、建筑形式的西方化风潮。

以日本横滨正金银行奉天支店为例（见图3－1），最初于天津设立支店，日俄战争后，日本从沙俄手中夺走其在辽宁的所有权益，于1905年建于沈阳钟鼓楼附近（原华俄道胜银行旧址），它的建筑形式是日本人学习西洋建筑初期的样式，1905年的日本还没有达到学习西方古典主义风格成熟期，并不是纯正的银行建筑样式，建筑形式较正规西方式显得细部不足。整个外墙面仿西洋古典砖石结构作水刷石长方形断块，在方窗上部及入口处设有欧式装饰，檐口多线脚。为了追求稳健、庄重之感，建筑大门上方外檐墙高度突出，突破了屋檐线，强调了建筑立面对称感，正门台基上为四根简化扶壁柱及口圆券门洞，强调出主入口，大门采用推拉式。在结构上，建筑采用了砖墙木屋架结构方式，以西方砌筑为特征，突破了中国木构架结构的建筑体系，它成为沈阳近代以“欧式”为主调的金融建筑的发端。

**图3－1　横滨正金银行奉天支店**

## 3.2 异邦文明的摄取期（1905—1912 年）

### 3.2.1 师夷长技以制夷

沈阳近代自办银行业发展于1906年，依据中日、中美《通商行船续约》在沈阳开辟商埠地，西方各国影响纷至沓来，带来新的商品及公共建筑类型，这些刺激了早期资本主义工业的发展；也使近代工业、交通运输业得到较快发展，民族资本力量空前增强，客观上要求有新式金融机构为其提供大量低息贷款，以融通资金，从而为本土银行资本的产生创造了一定经济条件，交通的逐渐方便，商品交换和商业经营范围的不断扩大，对资金的需求愈益迫切，由于典当、钱庄、票号业务的局限性，必须有相应的近代金融机构为之服务。

此外，西方的坚船利炮和文化思想开始震撼着东方的睡狮，在师夷长技以制夷的呼声中，中国人走向了向西方寻求振兴中华之道的艰难历程，清朝开始实行新政，产生官方引导的金融建筑近代化，中西建筑文化交织在一起。特别是甲午战争后清政府财政上增加了2亿2150万库平两的白银赔款负担，财政上已处于无法维持的境地。外国金融机构又通过大量借款加强了对清政府的财政金融控制，中国半殖民地经济已经形成并不断加深。再加上中国币制的欠缺，长期由于所铸元宝等形状不一，成色和平砝千差万别，给市场交易带来了种种不便。当时墨西哥银元、日本银元通过营口，北洋造的银元通过北宁路（今沈山线）进入沈阳市场。外国银元重量和成色都有一定标准，制作也精美，使用方便，人们乐于接受，虽然成色较低，但它们对白银的作价却被越抬越高。洋商本来是用银元来买沈阳的商品，用低成色的银元来“买”中国白银，运回去铸成更多的银元再行运到中国，辗转往复，获利丰厚。中国却因清政府货币制度的落后而白白损失了数以千万两的银子。清政府需要银行的债务支持以及以银行为中介向社会筹资，并且能统一发行货币，为了挽救财政经济危机，新式银行开始兴起并有所发展。

面对帝国主义金融势力的入侵和掠夺，清政府与奉省当局开始筹办官银行号，发展民族金融业。沈阳第一家银行是奉天将军赵尔巽于1905年（光绪三十一年）奏请清廷批准创办的奉天官银号。1907年户部银行设立奉天分行，1909年黑龙江省官银号设立奉天分号，1910年交通银行设立奉天分行，从光绪二十年（1894年）到宣统三年（1911年）的17年中，先后设立了22个官帖局、1个官钱局，发行官帖，废除私帖，易银票为钱票；设立了4个国家银行的分行和1个官银号，吸收存款，发放贷款，汇划款项，发行纸币，为社会经济发展融通资金，为官府扩大资金来源。

### 3.2.2　近代自办金融建筑的形成期

虽然从主观上讲由于中西建筑在盛京沈阳相遇于一种尖锐民族矛盾的氛围之中而表现出相互对峙的局面，但客观上讲，既然是两种不同文化相遇，就不可避免地要发生相互间的影响。

另外，逐渐意识到危机的清政府改变了对西方文化的态度，随着租界的繁荣，西方物质文明的大量输入，中国人得以更直接更深入地接触西方文明，对西方文化的鄙视态度有所改变。于是“夷场”变成了“洋场”，对西方文明的鄙视被对其的羡慕所替代。此时，清政府开办的银行极力效仿西方银行，对于异邦文明盲目地全盘导入，直接移植。此时兴建的银行建筑受圆明园“西洋楼”设计的影响（见图3－2），到处充满着线脚、曲线装饰的巴洛克风格。以奉天大清银行为例（见图3－3），它位于旧城大西门内大街，采用了在当时相当宏伟壮丽的洋风建筑形式，建筑三层，中央是波浪形曲线山花，刻满华丽的卷草花纹，两端是六边形带有穹隆的三层高塔屋，门窗均采用连续圆拱券，墙面上的石材饰面上刻满了西式雕刻图案，在窗的两边有小束柱来强调竖向直线条，立面一、二、三层处运用不同砌筑方法勾勒出连续的水平线脚。

图3－2　西洋楼遗迹

资料来源：收藏家詹洪阁先生。

**图 3 –3　奉天大清银行**

这个时期金融建筑近代化，是对西式银行的初探，还没有形成完备的平面布局和立面形式。它反映了早期“殖民地式”建筑特点，还处在各种功能的建筑都带有居住建筑特征的状态。虽然不够完备，但也毕竟走出了沈阳传统金融建筑改革进取的第一步，在结构上，建筑采用了砖墙木屋架结构方式，以西方砌筑为特征，突破了中国木构架结构的建筑体系。并且，在清政府学习西洋营造的同时，为了适应就地取材和采用中国传统的建筑技术，使用了沈阳当地的建筑材料——青砖，而非西洋传统的石材或红砖，在材料上和施工方法上这批最早的沈阳自办银行建筑已展现把古老的中国建筑文化与西洋建筑相融合的一面。

## 3.3　文明的融合发展期（1912—1931 年）

### 3.3.1　两股强势的相互竞争

1911 年爆发了辛亥革命，推翻了清政府，结束了封建王朝在中国的统治，建立了中华民国。民国时期，沈阳银行业有了发展，第一次世界大战后，沈阳银行业进入黄金发展时期，官办银行续有发展，商营银行竞相设立，外埠银行来沈设分支机构也日益增多。这个时期，沈阳近代的金融业是按照民族资本和外国资本两大体系发展起来的，这是由于沈阳近代史中的特殊性——外来势力与本土势力、外来文化与本土文化，两股强势互相竞争。

其一，以奉系为代表的本土势力——特别是在 1931 年沈阳沦陷之前，奉系军阀将东北作为根据地。竭力经营之，使东北经济迅速繁荣起来。而沈阳作为东北的政治、经济中心，居于东三省发展之首。张作霖为壮大势力，并限制外资银行在沈阳的发展，积极筹建银行，既为自己军备提供财政依靠，也能与外国银行在金融流通方面抗衡。奉系军阀官僚资本的形成、发展与急剧膨胀，使新贵们有雄厚的财力去组建私人银行，与外来势力相抗衡，以致形成强有力的竞争。

其二，以日本为代表的外来势力——在外来势力中，日本独占鳌头。外国资本侵入沈阳是从“铁路附属地”开始的，围绕着对“铁路附属地”的争夺和经营，写成了沈阳近代的血腥历史。日俄战争后，日本取代沙俄侵入奉天省城，当年横滨正金银行设立并发行钞票，此后日本不断扩大金融势力。进入民国后，奉天南站附属地建设进入兴盛时期，日本国内资本家纷纷来沈投资办企业，日商开设的金融机构日益增多，不仅设银行，还有名目繁多的金融会社、信用组合，经营银行业务。在日本金融势力侵入的同时，欧美银行也相继侵入。英国汇丰银行 1917 年在沈阳设立分行，中法实业银行 1925 年设立分行，美国花旗银行、法国法亚银行均于 1928 年在沈阳设立分行。在这段时期，沈阳的银行建筑整体表现出多样性、复杂性、地域性特点。

## 3.3.2　近代金融建筑的黄金时代

近代金融建筑不仅全面地反映了当时入侵各国国内的建筑思想和建设水平，同时也反映出在外来思潮的影响下，中西方建筑文化的融合，以及沈阳金融建筑的探新。

### 3.3.2.1　外资银行

在沈阳的外国银行分为两大类：一类是由英、法、美等老牌帝国主义国家在沈阳兴办的近代金融机构，这类银行在建筑设计上反映出西方正统银行建筑营造先进之处，是西方文化与技术的直接输入。另一类是由日本帝国主义兴办的银行，这类银行建筑是东洋与西洋文化的结合，是西方近代技术及建筑文化通过日本学者吸收、消化转而传入沈阳的，是西方文化对沈阳的间接输入。

（1）别开生面的银行建筑

作为一种建筑文化现象，西式近代金融建筑既浓缩了西方民族独特的价值观念和审美情趣，同时也是西方近代工业文明的体现。它的传入，对国人的精神震撼是巨大的，并带来了新的建筑样式、新的建筑结构、新的施工手段和经营方式，它们突破了中国传统的建筑结构、布局空间，更改了人们传统的生活方式和审美心理，甚至也引起了本土金融建筑翻天覆地的变革。

其一是向心性展开的功能流线。在平面布局上，银行建筑有别于钱庄、票号。中国传统金融建筑以单向业务流线贯穿建筑群体（见图3－4），建筑平面结构是水平展开的，由对外营业、内部办公、人员生活三部分组成，功能流线比较单一。而近代银行的业务趋于复杂化综合化，按功能分为四个区，即对外营业区、金库区、内部办公区及辅助设施区（见图3－5）。对外营业区是银行日常办理对外业务的主要功能区，它与各个部分相联系，是银行平面结构组织的中心。金库区因为考虑到安全性，只与营业区相连，其他分区流线皆不可穿越金库。内部办公区及辅助设施区不仅与营业区相连，还有独立的入口，这样可使进入内部的人，不必穿越营业区，避免人流交叉。新式银行在建筑功能布局上，不再是中国传统金融建筑的商住合一、功能并置的二元式组合，而是

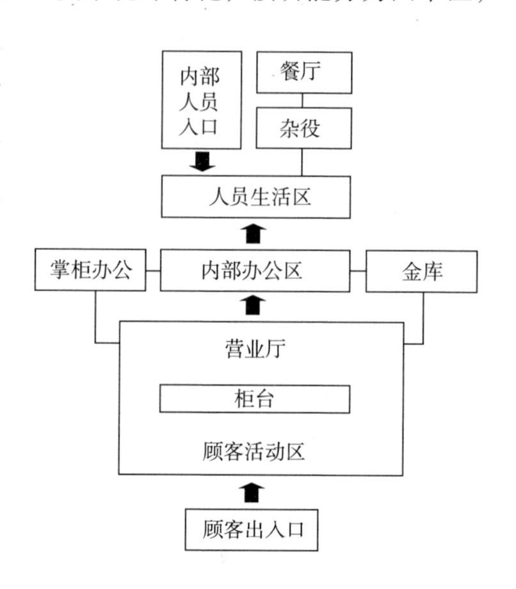


**图3－4　传统金融建筑平面结构图**

多种功能共存、复杂化的多元式组合；在建筑平面结构上，也不再是传统的前后对话、单向序性的纵深布局，而是四周对话、围绕向心式布局。

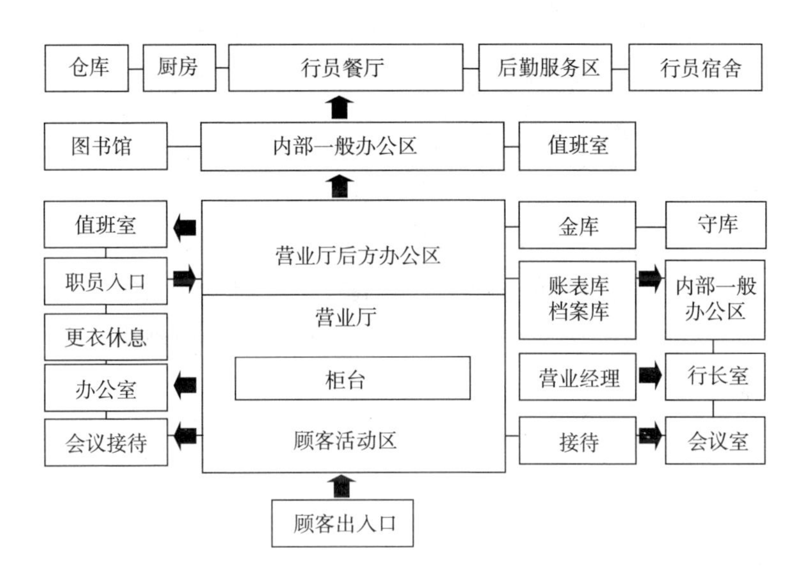


图3-5　新式银行建筑平面结构图

日本银行的营业大厅部分不像西式银行用包围式把大厅包含在建筑中，而是采用突出式布局，如横滨正金银行营业大厅（见图3-6），顶部两边不设房间，多在中庭三面设回廊，采光面积大，营业大厅明亮。内部装修也有融入东方审美意趣的风格（见图3-7），虽不像欧美银行巴洛克那样华贵，却显得稳重含蓄，反映了东方文化特质。

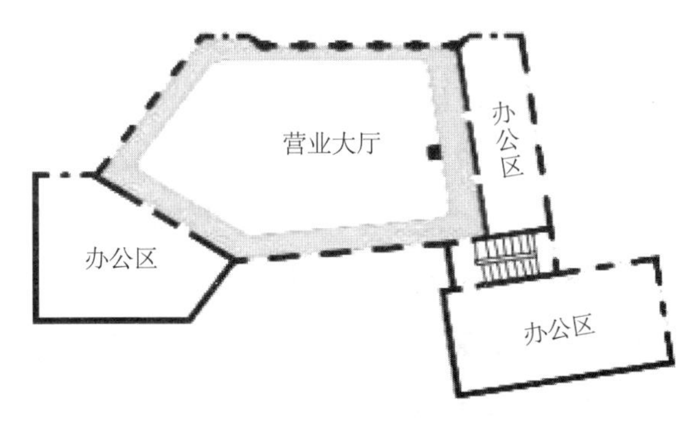


图3-6　横滨正金银行奉天支店平面示意图

**图3－7　横滨正金银行内部木制装修**

其二是丰富多变的建筑空间。西式银行刻画的是单体建筑，并不像中国传统建筑，以庭院组合建筑空间。在空间上，银行建筑由于其特殊的性质以及雄厚的经济实力，往往建造得宏伟高大，层高比其他近代建筑高，又由于营业大厅是银行的重中之重，所以营业大厅的建筑高度一般是两层，而且内部装修得奢华，多是线角，欧式柱式，天花的设计也反映了西方重雕刻的特点。由于要把各个高度的空间组织到一起，就势必造就丰富变化的内部空间。日本的银行还利用内部布局设计成茶室等传统的情趣空间。

其三是银行建筑中的特殊要求——金库。中国传统金融建筑中一直保持着地窑藏银的习惯，但西式银行却把货币金银存放到特殊的空间中——金库。金库的平面布置是守库—外库—内库（见图3－8），守库是金库的警卫室，外库为账表房，钞票整点室，内库为金库中存放货币库房。银行建筑中金库非常重要，它关系货币存放的安全大事，在西式银行平面组合时，金库集中设置成一区，区中不设置其他功能用房，其他区域之间的联系也能穿越金库，金库一般设在建筑的地下室，位置与营业厅连接，靠近出纳专柜一边，银行金库结构设计要求安全坚固，采用实心钢筋混凝土箱型结构，墙体要求非常厚，实力雄厚的银行还在墙中配置双向双层钢筋。由于四周的墙壁密封不设窗户，金库内易出现潮湿，所保管的钞票易发霉，西式银行就在库内设计进风口和出风口，利于库内通风，进风口设在地面上80厘米处，出风口设在库顶下50厘米处，在洞口处以方格网外加细目铜网或不锈钢网，以防老鼠进入库内，防潮、防湿、保持干燥、通风。

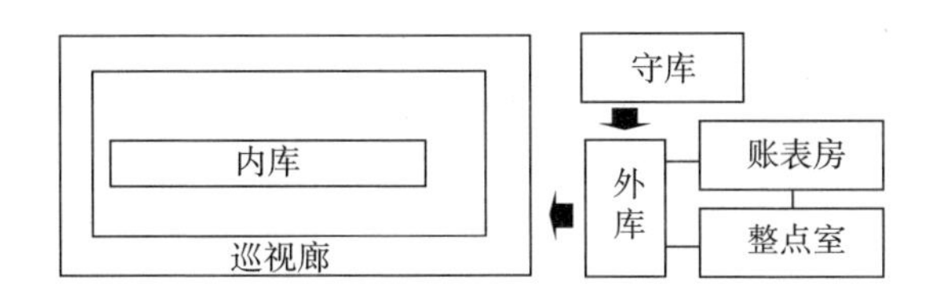


**图3－8　金库平面结构图**

金库的安全很大程度上与库门有关，要求必须具备防盗、防氧炔喷炬、防爆炸、防火、防电钻、防撞击、防电锯等功能。金库门由内外双重组成，外门（见图3－9）由本体、门锁、铰轴组成，其目的是能长时间抵抗任何外力如火灾、水害及人工破坏；内门为钢栅栏式，主要便于营业时开关方便。金库除设一个正常出入库门，还有一个应急库门，应急库门靠近正常库门左侧或右侧，间距1米，上限与库门取平。

**图3－9　银行金库外门**

其四是西洋古典主义样式的建筑立面。在20世纪西方现代建筑运动已经兴起，并在一定程度上得到了传播，但学院派的折中主义思潮仍然盘踞着沈阳主要的设计阵地。不同的文化造就了不同的建筑，西式银行的立面形式上没有尊卑等级之分，只有极尽的华丽、宏伟，以此显示银行的资金雄厚并给顾客信心。银行形式为西洋古典建筑形式及其变体，以西方古典柱式作为构图中心，一般带有不同柱式的柱廊，或设山花或为水平檐口。建筑一般为古典建筑的分段，如垂直方向三段分割，水平方向三段或五段分割，柱式多为爱奥尼克，细部如花坛、门窗及纹饰等均照古典建筑做法或演化而来。沈阳的银行建筑还表现了明显的折中主义形式，把不同风格建筑构件结合在一起，以取得较为活跃的建筑效果。

日本财阀的银行虽在建筑表现形式上也是西洋古典复兴的样式，但其中也融入了日本人的审美特质与形式上的创作，与上述西方势力的银行又有表达上的差异，在建筑形式上也由最初的古典样式演化为简练装饰风格，并且有的银行屋面加建塔楼，反映了西方建筑重视墙面，而东方建筑重视屋顶不同文化的有机结合。

除上述之外，沈阳近代西式银行建筑也促进了中国与西方建筑技术的相互交流。新材料、新结构、新施工方式的引进，使新建筑技术在近代的沈阳建筑业得到广泛的应用。如在建筑结构方面，中国传统建筑结构是木构梁柱体系，开埠以后沈阳出现的大量西式银行建筑，采用西方传统的砖石墙承重和木屋架屋盖的结构形式。在材料方面出现了水泥、钢筋混凝土、建筑五金等现代建材，并且在建筑中设计了消防系统。这些西方传入的建造技术、材料对中国传统的建造方式带来了相当大的冲击，并引起了传统建造观念的巨大转变。

（2）典型实例——英资汇丰银行

历史沿革。汇丰银行是英国资本在远东所设银行之一，与各国在华银行相比，非但获利最丰，而且对旧中国的政治、经济产生的影响也较大。英资汇丰银行于1917年在奉天省城商埠地十一纬路开设奉天支行。汇丰银行奉天支行成立不久，“五四”运动爆发，奉天省境内掀起抵制日货的排日运动，各界商民转向同欧美洋行进行交易，汇丰银行的业务得以稳固的开展。“九·一八”事变前，汇丰银行奉天支行以低利吸收奉系军阀高级军政人员及官商豪绅大量私人存款，获取巨额利润。该行在外汇业务上利用奉系军阀同日本矛盾日益加深垄断了在奉欧美商行的外资结算、进口押汇、外汇牌价。

建筑特点。汇丰银行位于今十一纬路与北三经街的交汇处，由英籍HEMMINGS & PARKIN设计公司与CIVIL－ENGINEERS设计于1930年9月20日，1932年建成。建筑结合地形设计成L形平面，建筑面积为3700平方米，是当时沈阳最大型的钢筋混凝土建筑。

首先，合理的流线及内部交通组织。建筑正门设在两条道路的交汇处，另有两个入口分别在 L 形建筑的两端临路设置，三个入口使人流各行其路，互不干扰。如到银行营业厅的人流，可通过主入口直接进入大厅办理业务，进入内部办公区进行业务洽谈的人流可通过建筑面临十一纬路的入口进入办公厅，工作人员可通过面临北三经街的入口进入银行。在入口设计上结合了沈阳气候特点设置了门斗，以防御寒冷天气。

银行为地上五层附有半地下层的建筑，一层以对外营业为主（见图 3 - 10），辅以办公及食堂。自正门进入楼内，是 L 形的营业大厅，营业大厅高约 6.5 米，内部装修富丽堂皇（见图 3 - 11），天花为石膏雕饰的矩形藻井，室内壁柱与窗口，多设欧式线脚，但并不繁杂，表现得恰到好处，与建筑折中主义立面形式相呼应，为了体现空间，豪华气派，大厅内用柱来承重，并解

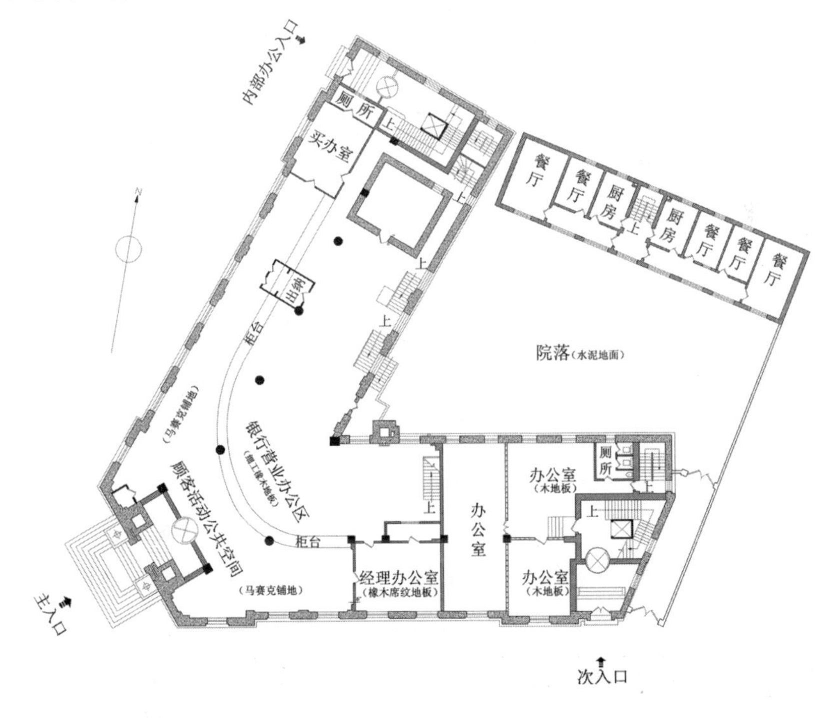


**图 3 - 10　汇丰银行奉天支行首层平面**

决跨度问题，主入口处柱距约为5.4米，两侧约4.2米，柱间梁上用石膏作花纹饰面。大厅内结合柱子用柜台分隔公共空间活动区和银行内部营业区，比例关系约为1:1，内部营业区分为窗口事务和后方事务两部分。窗口事务办理现金、存折、支票汇票等业务，后方事务处理汇账、统计、分类及计算等业务，并且为了业务需要单独分隔了出纳室，室门为铁艺格状装饰。在大厅两侧分别设置了经理室与买办室，并配有单独卫生间。柜内柜外完全隔离只通过经理室、出纳室内外相连。

**图3-11 银行内部装修**

二层以上是办公、各种凭证库房及技术用房（见图3-12）。层高约为3.3米，标准层办公室采用在走道两边设置房间的布局，并被设计成开敞性办公灵活分隔的大空间，可按需要灵活分隔为办公、会议、客房等，如需改变功能也极易调整。办公室内分隔墙为饰钉隔墙，办公室与走廊的隔墙为半砖隔墙。办公室内天花多线脚，在距天棚半米处用黑色木条交圈，办公室为黑色木门，在墙体下部有黑木踢脚线，建筑走廊中多处设有欧式圆拱门，并在墙壁上设有凹槽线脚装饰，尽显建筑的精致。并且建筑的门窗及地板有的是进口材料，如坐落在主楼北侧的餐厅，其窗户就是采用俄勒冈州松木制玻璃窗户。

银行内部各室内地面因使用功能各异而采用不同的建筑材料，如营业大厅中顾客活动的公共区域用马赛克铺地，内部营业区为细工橡木地板，经理室则为橡木席纹地板，一般办公室为木地板，进入金库的走廊地面为混凝土磨光地面，金库则为钢筋混凝土地面。

其次，折中主义的立面形式（见图3-13）。建筑总高约为22.8米，立面为折中主义样式，讲究比例权衡的推敲，建筑分别在一层、四层设置线脚既

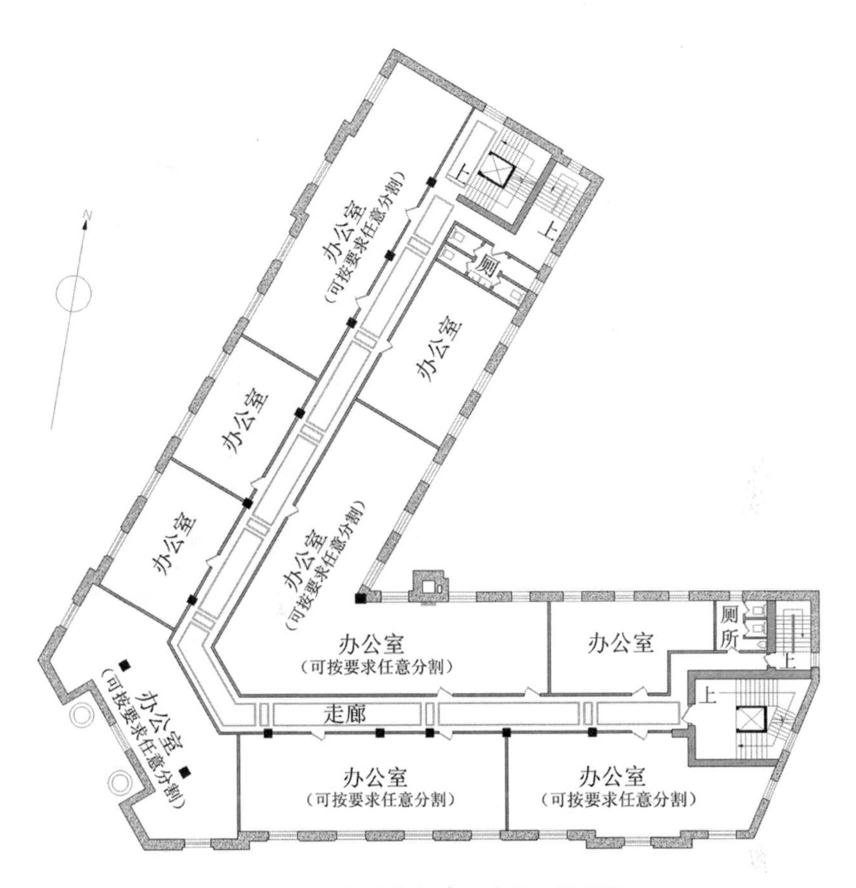


**图 3－12　汇丰银行奉天支行二层平面**

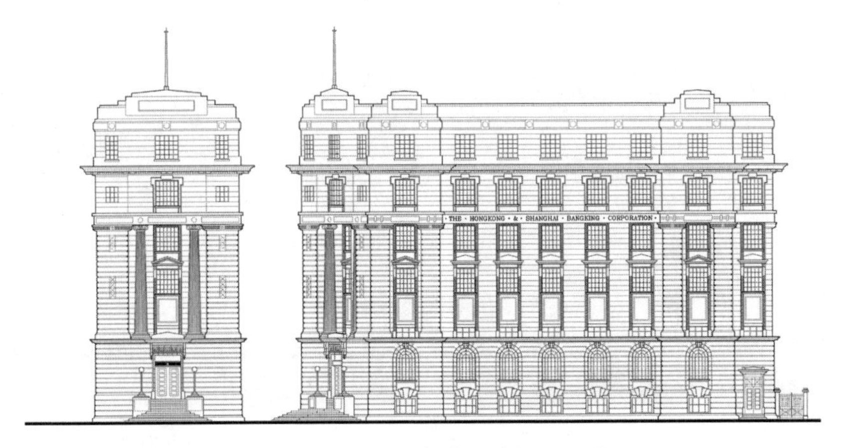


**图 3－13　汇丰银行奉天支行立面图**

增强了横向联系，又突出立面的三段式，转角入口立面在中段设有通达二、三层的两根标准爱奥尼柱式。为增强建筑气势和丰富立面造型，将外柱廊两侧向外突出，建筑坐落在高大的台基上，使内外高差约2米。建筑是较为标准的晚期西洋古典文艺复兴式样，建筑的门窗虽有精美雕饰，而且也显露出净化趋势。西方的建筑重视墙体，大楼基座用花岗岩砌筑，整个外墙面仿西洋古典砖石结构作水刷石长方形断块，以砂浆饰面。一层为圆券玻璃，入口为旋转门。

最后，采用先进的结构形式、材料及设备。汇丰银行建筑结构采用砖石墙钢筋混凝土混合结构，外墙选用西方传统的红砖砌筑，并且局部使用了钢筋混凝土框架，通过一层平面可见，营业大厅内设有钢筋混凝土柱，钢筋混凝土大梁支撑在柱上，其端部支撑在砖墙上。楼板为木密肋楼板及架空地板（见图3－14、图3－15、图3－16），且楼面的木肋、板分别支撑在钢筋混凝土过梁及砖墙上。楼梯为钢筋混凝土。地下室金库为全现浇钢筋混凝土，达到坚固、防盗、防震的目的。

**图3－14 木密肋楼板**

**图3－15 密肋楼板**

**图3－16 木栅条楼板**

汇丰银行的竖直交通是在建筑两端设置，以两部木质并且还设有两个封闭楼梯间，以满足防火要求。除此之外，还装有水冲卫生设备，以及煤气和取暖设备。电梯的使用是沈阳建筑设备的近代化的里程碑。

（3）典型实例——日资朝鲜银行奉天支店

历史沿革。朝鲜银行于1913年7月14日在奉天省城小西关大什字街设立奉天支店，是日本官商合资的特殊金融会社，是沈阳当时唯一经营房地产金融的机构，创于1909年，是日本帝国主义为对朝鲜进行殖民地侵略而设立的银行。其前身为“韩国中央银行总行”，设在朝鲜汉城。朝鲜银行进入奉天的目的，在于进一步完善在奉的日本金融机构。1917年南满站附属地街区形成，该行在浪速通（现中山路）设出张所，办理一般银行业务，大广场营业楼（中山广场）建成后，奉天支店从小西关迁到加茂町（中山广场南京街口）办公，小西关原址改为出张所。奉天支店设立初期，只办理普通银行业务和日朝间的贸易结算。1917年11月鉴于日本在满蒙的经济形势，需要进一步统一日本金融势力，指定该行为特殊金融机关，并以天皇敕令将正金银行金本位券发行权移交给朝鲜银行，从而建立完整的殖民地金融体系。至此，该行成为在东北的日本金融的中枢机关，其三项宗旨是：①自1917年7月1日开始，朝鲜银行在东北各地支店负责办理日本政府国库事宜；②日本政府赋予朝鲜银行发行金本位银行券的特权，在满蒙地区强制通用，该行负有建立金本位制货币交易和整顿市场的责任；③鉴于银本位货币是满洲货币制度的基础，横滨正金银行将金本位银行券发行权交出后，依然发行银本位正金银行券，可在关东州以外地区流通。为方便交易，金银两本位币都维持现状，以期达到利于殖民地经济的发展。

建筑特点。朝鲜银行奉天支店，是中村与资平在沈阳的杰作之一。设计师中村与资平（1880—1963年），1905年7月于东京帝国大学建筑学科毕业，毕业设计为“Design for Anatomical School”，毕业论文为“Description for Anatomical School”。后进入辰野葛西事务所，负责第一银行京城支店的设计与现场监工，因此于1908年渡海至朝鲜，竣工之后留在汉城。中村与资平1912年在朝鲜汉城开设中村建筑事务所，1917年为了朝新银行大连支店的设计施工，在大连开设事务所以及工事部。在朝鲜半岛以及中国东北地区，以设计银行建筑、公共建筑为中心，有“银行建筑专家”之称。由于其所受建筑教育是以西方古典建筑为模板，所以中村与资平在日本国内和中国东北地区设计的银行建筑，均为正面有列柱或壁柱的西洋古典式，在沈阳的这栋建筑也不例外。

银行位于今中山广场北侧，南京北街于中山路交汇处，是一座立面处理上更为成熟的古典复兴样式的建筑（见图3－17）。整幢建筑对称、均衡，体现着古典设计原则，中央部位设有六根爱奥尼巨柱式的凹门廊，女儿墙屋檐之上设有小山花，为突出主入口，把主入口上部女儿墙升高（见图3－18），并作三角形山花重檐形檐口，两边设颈瓶连接。墙面全部由白色面砖贴饰。在建筑转角处都作了曲线处理。立面在材料上运用了当时盛行的面砖，即墙面贴饰白色面砖。在材料上形成了砂浆饰面与面砖饰面的粗细对比。建筑比例恰当，虚实结合，层次丰富，显示出建筑师的设计水平。

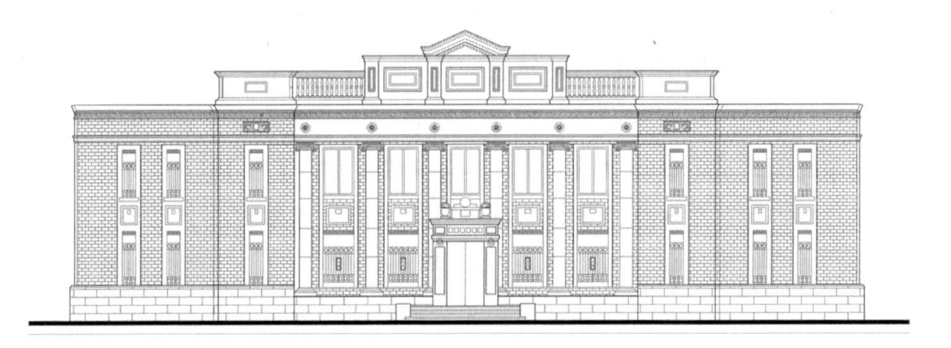

**图3－17　朝鲜银行奉天支店立面图**

建筑为砖混结构，砖墙承重，木制密肋梁承托楼板，地上两层，地下一层，平面围绕广场呈倒八字形展开（见图3－19），一层以对外营业为主，营业大厅布置在建筑正中，是通高两层的中庭，在二层大厅周围设过廊，大厅室内用石膏雕刻的藻井图案；二层为办公区，由于平面不规则方形，所以在设计中房间布局也呈不规则形状，本是不利的因素，设计者却利用这一特点形成趣味空间，如在二层经理室中利用平面不规则特性，设计了茶室，把本不方正的空间，划分成方正的空间。在建筑中设置了两步楼梯，皆为水磨石

图3－18　朝鲜银行奉天支店建筑局部

面。建筑的入口根据功能需要为三个，主入口面向中山广场，主要引导办理业务的顾客人流，其他两个分别面向南京北街和中山路，为内部人员办公入口和外来办事人员入口。

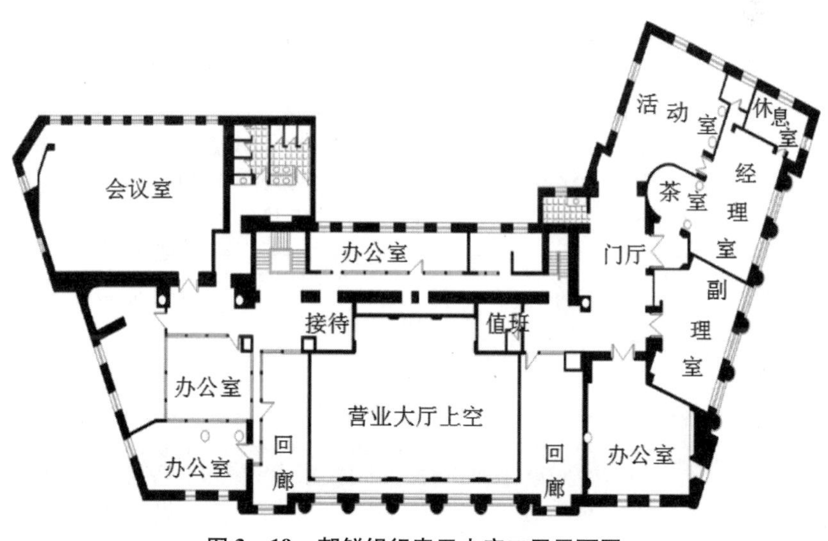


图3－19　朝鲜银行奉天支店二层平面图

**表 3－1　　盛京（沈阳）外资银行一览**

| 编号 1 | 华俄道胜银行奉天营业所 | | |
|---|---|---|---|
| 设立日期 | 光绪二十六年（1900年） | 地址 | 中街四平街 |
| 历史沿革 | 光绪二十一年（1895 年）十一月俄国联合法国在巴黎商定，由中、俄、法共同出资组建华俄道胜银行。1896 年华俄道胜银行成立，是沙俄帝国和法国对旧中国进行经济侵略的金融机构。1900 年（光绪二十六年）沙俄军队侵入奉天后，华俄道胜银行设立奉天营业所。华俄道胜银行虽为中俄合办，但实际是在沙俄控制下，利用所谓中俄合资的形式，把中国的货币资本转化为沙俄的金融资本，对中国进行经济掠夺。从光绪二十三年（1897 年）至二十六年（1900 年），三年间沙俄在营口、旅顺、大连和奉天共设立金融机构 6 处，并趁修筑中东铁路之机，大量发行羌帖，并通过发放贷款直接经营土地、林业和矿业买卖，羌帖一度成为东北三省金融的最大势力，凡欧亚之间的银钱往来，全以羌帖为媒介，中东铁路沿线流通的泉货几乎全是羌帖。1905 年日俄战争沙俄战败后，华俄道胜银行奉天营业所随之关闭。 | | |
| 编号 2 | 横滨正金银行奉天支店（今为中国工商银行中山广场支行） | | |
| 设立日期 | 光绪三十一年（1905年）五月 | 地址 | 中街四平街（原华俄道胜银行奉天营业所旧址） |
| 历史沿革 | 最初于天津设立支店，光绪二十五年（1899 年）日本在辽宁境内设立了日本横滨正金银行营口支店，与沙俄金融势力抗衡。日俄战争后，日本从沙俄手中夺走其在辽宁的所有权益，1905 年 3 月，日本侵略军侵入奉天城。5 月，日本横滨正金银行在奉天设立出张所。从此，日本帝国主义的金融机构陆续侵入沈阳。光绪三十四年（1909 年）后改出张所为支店。1925 年，迁入附属地大广场浪速通附近，并设计新建筑（今为中国工商银行中山广场支行）。 | | |
| 初期建筑结构 | 砖墙木屋架结构形式 | 建筑地址 | 中街四平街（原华俄道胜银行奉天营业所旧址） |
| 初期建筑特点 | 整个外墙面仿西洋古典砖石结构作水刷石长方形断块，在方窗上部及入口处设有欧式装饰，檐口多线脚。为了追求稳健、庄重之感，建筑大门上方外檐墙高度突出，突破了屋檐线，强调了建筑立面对称感，正门台基上为四根简化扶壁柱及口圆券门洞，强调出主入口，大门采用推拉式。 | | |

续表

<table>
<tr><td>编号2</td><td colspan="5">横滨正金银行奉天支店（今为中国工商银行中山广场支行）</td></tr>
<tr><td>初期建筑特点</td><td colspan="5"> </td></tr>
<tr><td>后期建筑地址</td><td>和平区中山路104号</td><td>竣工时间</td><td>1925年9月30日</td><td>建筑结构</td><td>砖混结构</td></tr>
<tr><td>设计公司・人</td><td>宗像建筑事务所・宗像主一</td><td>施工单位</td><td colspan="3">三田工务所</td></tr>
<tr><td>后期建筑特点</td><td colspan="5">建筑平面结合广场道路横向展开，采用营业大厅突出式布局，营业大厅贯穿两层，跨度20米，并且室内就在端部设有柱子，整个大厅甚为宽敞，顶部两边不设房间。二层在大厅三面设回廊，采光面积大，营业大厅明亮。<br>该建筑为地上2层，地下1层日本式建筑，在此设计中，采取了对建筑样式进行净化的建筑设计手法。其立面着重几何图案式的处理手法，柱头部位已不是柱式规范的内容的“涡卷”和“忍冬草”，而是几何图案抽象雕刻和简练的装饰特点，墙面贴黄色面砖，局部用仿石材料，顶部用水刷石罩面。立面中段有六根壁柱，主入口较小，入口两侧各有直达顶部的扶壁柱。 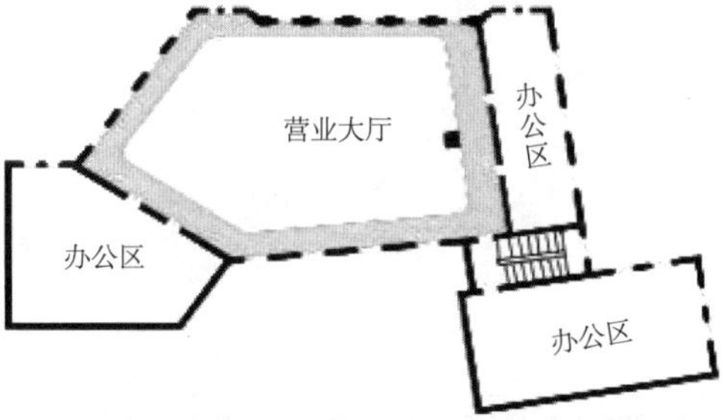 <br>营业大厅<br>办公区<br>办公区<br>办公区</td></tr>
</table>

续表

<table>
<tr><td>编号 2</td><td colspan="3">横滨正金银行奉天支店（今为中国工商银行中山广场支行）</td></tr>
<tr><td>后期建筑特点</td><td colspan="3"> </td></tr>
<tr><td rowspan="4">东北其他城市横滨正金银行建筑照片</td><td>大连横滨正金银行</td><td colspan="2">营口横滨正金银行</td></tr>
<tr><td> </td><td colspan="2"> </td></tr>
<tr><td>丹东横滨正金银行</td><td colspan="2">长春横滨正金银行</td></tr>
<tr><td> </td><td colspan="2"> </td></tr>
<tr><td>编号 3</td><td colspan="3">朝鲜银行奉天支店（今为华夏银行中山广场支行）</td></tr>
<tr><td>设立日期</td><td>1913 年 7 月 14 日</td><td>地址</td><td>奉天省城小西关大什字街</td></tr>
<tr><td>历史沿革</td><td colspan="3">朝鲜银行奉天支店是进入奉天第二家日本官方银行，是沈阳当时唯一经营房地产金融活动的机构。创于 1909 年，是日本帝国主义为对朝鲜进行殖民地侵略而设立的银行。1917 年满铁附属地街区形成，该行在浪速通（现中山路）设出张所，办理一般银行业务，大广场营业楼建成后，奉天支店从小西关迁到加茂町（今中山广场南京街口）办公，小西关原址改为出张所，大广场营业楼现使用单位是华夏银行沈阳分行。</td></tr>
</table>

续表

| 编号3 | 朝鲜银行奉天支店（今为华夏银行中山广场支行） | | | | |
|---|---|---|---|---|---|
| 建筑地址 | 和平区中山路112号 | 竣工时间 | 1920年 | 建筑结构 | 砖混结构 |
| 设计公司·人 | 中村与资平建筑事务所 | 建筑规模 | 地上2层　地下1层 | | |
| 建筑特点 | 该建筑布局基本对称，平面按功能要求进行组织。立面设计受西方古典手法的影响，在主入口两侧、女儿墙顶部及细部的装饰有较强的欧式符号，主立面有六根爱奥尼克的承重柱式，外墙贴面为白色瓷砖和局部的仿石材料。 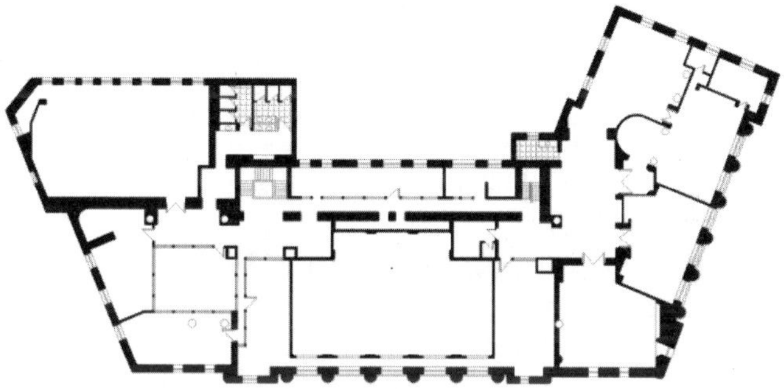 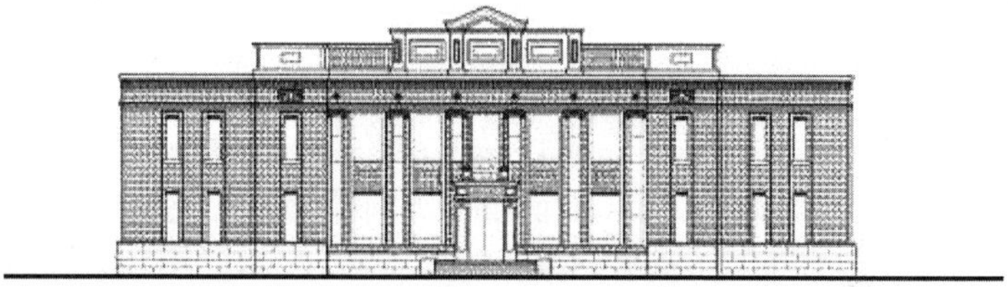 | | | | |
| 编号4 | 正隆银行奉天支店 | | | | |
| 设立日期 | 1910年1月17日 | 地址 | 奉天浪速通（今中山路一段） | | |
| 首任行长 | 高垣宽吉 | | | | |
| 历史沿革 | 正隆银行创于1906年1月15日，总店设在营口财神庙街，是由当地日商合资组成的股份公司，1910年进行改组，由日本财阀安田善之郎出资接管，成为安田系银行。在东三省的金融活动仅次于朝鲜银行、正金银行，盈利颇厚。1925年11月，与龙口银行合并，使该行的业务发展较为顺畅。1937年1月成立伪满洲兴业银行时，奉天支店并入伪满洲兴业银行浪速通支店，小西关出张所并入伪满洲兴业银行小西关支店。 | | | | |
| 编号5 | 南满银行 | | | | |
| 设立日期 | 1913年7月15日 | 地址 | 小西关大什字街 | | |
| 历史沿革 | 该行是日本商民开设最早的地方性普通商业银行。由日本商民储蓄会改组，以办理日本商民储蓄和存放款为营业宗旨。1918年与株式会社满洲商业银行合并，改为满洲商业银行奉天支店。于同年11月14日，在奉天浪速通十六番地（中华路一段）正式开业。 | | | | |

续表

<table>
<tr><td>编号 6</td><td colspan="5">安东银行奉天支店</td></tr>
<tr><td>创立日期</td><td>1918 年 12 月 15 日</td><td>地址</td><td colspan="3">奉天浪速通（今中山路）</td></tr>
<tr><td>历史沿革</td><td colspan="5">安东银行 1911 年创于安东县（丹东市），初期资本为 50 万元（银元），以办理存放款及吸收储蓄存款为营业宗旨。安奉铁路通车后，安奉两地间贸易往来逐渐频繁，就在奉天设立安东银行奉天支店，经营一般银行业务，经营颇为活跃，1919 年与长春银行合并，增加资本金 35 万元（银元），1920 年 11 月同满洲商业银行合并。</td></tr>
<tr><td>编号 7</td><td colspan="5">大连银行奉天支店</td></tr>
<tr><td>创立日期</td><td>1918 年 5 月 25 日</td><td>地址</td><td colspan="3">奉天浪速通（今中山路）</td></tr>
<tr><td>历史沿革</td><td colspan="5">大连银行 1912 年 12 月 28 日创于大连，资本金 100 万元（银元）。大连银行奉天支店以吸收存款、开展贷款为营业宗旨，1923 年 7 月同奉天银行、辽东银行、满洲商业银行合并改组为满洲银行。</td></tr>
<tr><td>编号 8</td><td colspan="5">奉天银行</td></tr>
<tr><td>设立日期</td><td>1921 年 11 月 17 日</td><td>地址</td><td colspan="3">奉天浪速通十九番地（今中山路一段）</td></tr>
<tr><td>董事长</td><td>石田武亥</td><td></td><td colspan="3"></td></tr>
<tr><td>历史沿革</td><td colspan="5">奉天银行是附属地日商开设的地方性普通银行，是由奉天金融组合、奉天共融组合合并而设。由当时附属地日本金融寡头石田武亥任董事长，其实力仅次于日商南满银行，该行创立之初致力于商业资金周转贷款。1921 年 8 月，同奉天信托株式会社、铁岭商业银行合并，组成新的奉天银行。1923 年附属地经济继续恶化，同年 7 月 31 日，日商奉天银行、大连银行、辽东银行、满洲商业银行 4 行合并，组成满洲银行，奉天银行随告解散。1943 年 3 月 7 日，日伪强化金融统治政策和扩充日系地方银行实力，将奉天银行同日华银行合并，组成日伪的地方银行——奉天银行。1945 年 8 月 15 日日本投降，奉天银行停业，1946 年奉天银行作为敌伪银行被国民党中国银行接收。</td></tr>
<tr><td>编号 9</td><td colspan="5">东洋拓殖株式会社奉天支店（沈阳商业银行中山广场分行）</td></tr>
<tr><td>设立日期</td><td>1917 年 10 月 15 日</td><td>地址</td><td colspan="3">奉天满铁附属地内浪速通（今之中山路）</td></tr>
<tr><td>历史沿革</td><td colspan="5">东洋拓殖株式会社创立于 1908 年 12 月，总店设在朝鲜汉城。该社是依据日本政府批准的东洋拓殖株式会社法，以提供掠夺朝鲜殖民地资金作为营业宗旨，是官商合资的特殊金融会社；1917 年 10 月 15 日，在奉天满铁附属地内浪速通（今中山路）设东洋拓殖株式会社奉天支店，是经营不动产金融活动的公司。1922 年奉天支店迁入大广场（现中山广场）新建大楼办公。1945 年日本投降后东洋拓殖株式会社奉天支店的一切财产被国民党政府交通银行接收。</td></tr>
<tr><td>建筑地址</td><td>和平区中山路 101 号甲</td><td>竣工时间</td><td>1922 年</td><td>建筑结构</td><td>钢筋混凝土结构</td></tr>
</table>

续表

<table>
<tr><td>编号 9</td><td>东洋拓殖株式会社奉天支店（沈阳商业银行中山广场分行）</td></tr>
<tr><td>建筑特点</td><td>该建筑布局基本对称，平面按功能要求进行组织。立面造型为三段式，立面设计受西方古典手法的影响，在主入口上部有四组双柱装饰，柱式为科林斯柱式。细部的装饰也有较强的欧式符号，外墙贴面为白色瓷砖和局部的仿式材料。<br><br><br>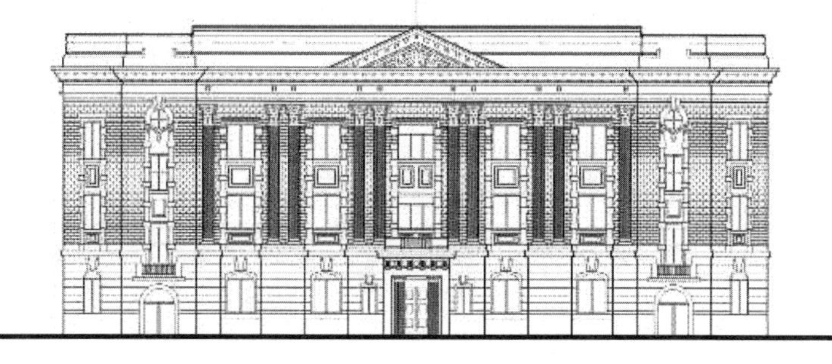</td></tr>
</table>

续表

<table>
<tr><td>编号10</td><td colspan="5">满洲殖产银行</td></tr>
<tr><td>设立日期</td><td>1920年</td><td>地址</td><td colspan="3">在“满铁附属地”十间房第三区（今市府大路西塔街）</td></tr>
<tr><td>历史沿革</td><td colspan="5">满洲殖产银行前身为满洲农工株式会社，为专营土地房屋融资的金融机构。1920年，日伪为适应其经济掠夺需要，改为满洲殖产银行。以从事殖产事业的投资为主，兼营信托业务，行址迁到“浪速通”（今中山路）。该行的主要营业项目有：从中国商民中掠夺大量土地，转手高价卖出，从中获取巨额利润。1926年，日本国内发生经济危机，满洲殖产银行因缺乏资金，营业难以开展而停业。</td></tr>
<tr><td>编号11</td><td colspan="5">满洲中央银行千代田支行</td></tr>
<tr><td>建筑地址</td><td>和平区南京北街312号</td><td>竣工时间</td><td>1928年</td><td>建筑结构</td><td>砖石结构</td></tr>
<tr><td>建筑特点</td><td colspan="5">建筑外轮廓随地形呈弧形转折，正入口设在弧形转角处，并且门前设有多级台阶，构图手法参照巴黎卢浮宫东立面手法，“三平五竖”，遵循古典主义建筑构图的基本原则。横向展开为五段，即中部主体、左右两翼、两端部，两翼与中央部分相较，略为跌落。建筑在二层设有连续阳台，增加了水平联系，中间部分阳台升高到三层并用四根爱奥尼克柱式撑起，更加强调出建筑主入口。纵向为三段式，一层有假山石作为台基段，结实稳健，中间层是由厚重的墙体与凹凸阴影变化的柱廊交替组成，形成了虚实对比，顶部是多重厚重檐口。 </td></tr>
<tr><td>编号12</td><td colspan="5">汇丰银行奉天支行（今为中国交通银行沈阳分行）</td></tr>
<tr><td>设立日期</td><td>1917年（民国6年）</td><td>地址</td><td colspan="3">奉天省城商埠地十一纬路</td></tr>
<tr><td>历史沿革</td><td colspan="5">汇丰银行总行1864年（同治三年）设于香港，1865年正式营业。汇丰银行奉天支行成立不久，“五四”运动爆发，奉天省境内掀起抵制日货的排日行动，各界商民转向同欧美洋行进行交易，汇丰银行的业务得以稳固地开展。“九·一八”事变前，汇丰银行奉天支行以低利吸收奉系军阀高级军政人员及官商豪绅大量私人存款，获取巨额利润。该行在外汇业务上利用奉系军阀同日本矛盾日益加深垄断了在奉欧美商行的外资结算、进口押汇、外汇牌价。1928年决定在商埠地三经路修建汇丰大楼，1932年竣工。1937年将新建的汇丰大楼出卖给奉天三井物产株式会社，营业紧缩到最小范围，汇丰大楼改为各商社洋行租用的办公大楼。1941年12月8日，日本对英美宣战，日伪政权将汇丰银行奉天支行作敌产管理，迫使其停业。</td></tr>
</table>

续表

<table>
<tr><td>编号 12</td><td colspan="6">汇丰银行奉天支行（今为中国交通银行沈阳分行）</td></tr>
<tr><td>建筑地址</td><td>沈河区十一纬路 100 号</td><td>设计时间</td><td>1930 年 9 月 20 日</td><td>竣工时间</td><td colspan="2">1932 年</td></tr>
<tr><td>设计公司·人</td><td colspan="4">英籍 HEMMINGS & PARKIN 和 CIVIL - ENGINEERS 公司</td><td>建筑结构</td><td>钢筋混凝土结构</td></tr>
<tr><td>建筑特点</td><td colspan="6">建筑结合地形设计成 L 形平面，建筑面积为 3700 平方米，银行为地上五层附有半地下层的建筑，一层以对外营业为主，二层以上是办公、各种凭证库房及技术用房。 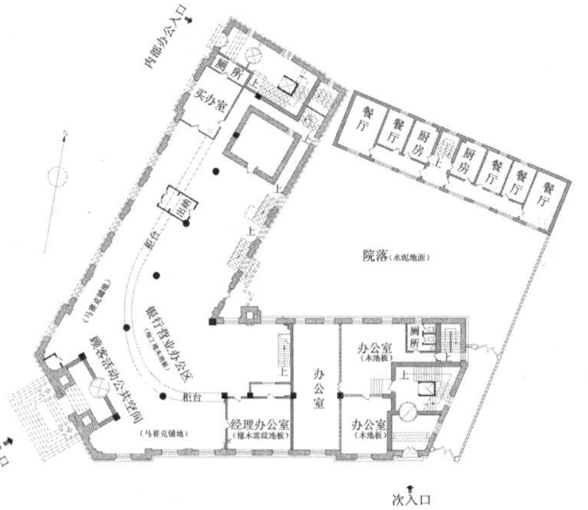<br><br>建筑总高约为 22.8 米，折中主义的立面形式。讲究比例权衡的推敲。一层为基座，增强横向联系，二至四层为墙身，竖向高窗富有韵律的变化，五层为顶部，下设檐口线脚增加横向联系，通体斩假石贴面，反映了古典主义构图及趋于几何化的现代主义倾向。 </td></tr>
<tr><td>编号 13</td><td colspan="6">法国汇理银行奉天支行（今为沈阳市公安局刑警支队）</td></tr>
<tr><td>建筑地址</td><td>和平区市府大路 167 号</td><td>竣工时间</td><td>1924 年</td><td>建筑结构</td><td colspan="2">砖混结构</td></tr>
<tr><td>建筑特点</td><td colspan="6">该建筑占地面积 6700 平方米，建筑面积 1135 平方米，地上三层，地下一层。法国的汇理银行是典型的法国特色，建筑风格庄重对称形式，有仿古情调，建筑采用孟莎式屋顶上铺设绿色鱼鳞状铁皮瓦，屋面坡度有变化，屋顶上部比较平缓而面积较少；屋顶下部比较陡峭，面积都较大，并且屋顶设有圆形老虎窗。在外墙面材质处理上效仿文艺复兴的手法，底层为仿天然石块作贴面材料，材质粗犷，上下之间勾宽缝，左右之间勾细缝。主墙体采用红砖，砖质细腻，缝隙很小。出挑的阳台、颈瓶栏杆、牛腿构建以及窗周围的斩假石装饰都体现了这座法国建筑的精美之处。</td></tr>
</table>

续表

| 编号 13 | 法国汇理银行奉天支行（今为沈阳市公安局刑警支队） | | |
|---|---|---|---|
| 建筑特点 |  | | |
| 编号 14 | 中法实业银行奉天支行 | | |
| 设立日期 | 1925 年 6 月 | 地址 | 商埠地三经路 |
| 历史沿革 | 中法实业银行是由中法两国共同出资，1913 年（民国 2 年）创设，总行设于巴黎，中法实业银行初创时，实质是储蓄银行，但由于取得在华发行纸币特权，改变了银行性质。<br>1925 年 6 月设奉天支行。设行后在资金缺少和汇丰、花旗两行的挤压下，营业开展迟缓，同时法国洋行在奉势力较微弱，难以和英、美、德等商行抗衡，“九·一八”事变后，营业处于停顿状态，在日伪金融统治下，1933 年终于停业关闭。 | | |
| 编号 15 | 法亚银行奉天支行 | | |
| 设立日期 | 1928 年 | | |
| 历史沿革 | 法亚银行奉天支行建立于 1928 年，它在日本金融势力和汇丰、花旗两行的挤压下，存贷款额度甚少。1931 年“九·一八”事变前停业。 | | |
| 编号 16 | 花旗银行奉天支行（National City Bank of New York） | | |
| 设立时间 | 1928 年 | 地址 | 商埠地十一纬路 |
| 历史沿革 | 花旗银行又称纽约花旗银行，是美国最大的商业银行之一，在华管辖行为上海分行。花旗银行奉天支行于 1928 年设立，花旗银行奉天支行开业后，除服务于在沈阳的欧美洋行商社外，还积极扩展中国商民的存放款及汇兑业务，在贸易资金结算上，为中国商号提供方便，开展银元本位制的存贷款，动产和不动产的抵押贷款业务。<br>1928—1931 年，花旗银行积极促进奉系军阀同欧美洋行的军火武器贸易，部分军工器材的采购款项通过花旗银行结算。日本经济势力垄断东北，欧美经济势力受排挤，花旗银行奉天支行营业状况极差，于 1935 年 6 月关闭。 | | |

续表

| 编号16 | 花旗银行奉天支行（National City Bank of New York） | | | | |
|---|---|---|---|---|---|
| 建筑地址 | 和平区十一纬路10号 | 竣工时间 | 1921年 | 建筑结构 | 钢筋混凝土结构 |
| 建筑特点 | 其平面近方形。银行正面外观是典型的希腊古典复兴样式，在样式建筑中可谓经典作品之一。其与希腊神庙构图很相似，正面是6根标准爱奥尼克柱式构成的柱廊，柱子之上为檐壁分额枋、三陇板、嵌板，只不过没有了神庙三角形山花。底层层高6米，设通高圆拱窗并设有拱券装饰，二层设方窗，上下窗之间有横向花纹线脚，增加横向联系。整栋建筑色彩明快、材料统一纯净，给人以端庄优美之感。 | | | | |

#### 3.3.2.2　本土银行

外来的势力对盛京（沈阳）的侵略过程中，并非呈现出居高临下、独来独往的势态，而是受到了奉系军阀为主的本土势力的强力抗争。政治上两大强势的对垒，在近代金融建筑发展演变过程中，则体现为外来文化势力和本土势力之间的矛盾与融合过程。西式银行虽然突破了中国传统的建筑结构、布局空间，更改了人们传统的生活方式和审美心理，但是面对外来建筑文化，沈阳的传统建筑文化没有故步自封，没有被外来文化取代，而是体现多种文化的复合发展，显示了它内在的生命力。

（1）官方引导的金融建筑近代化

19世纪20年代，以奉系军阀为主导，推行自上而下的金融建筑近代化，是对外来文化的主动吸收，这一时期人们深入地接触西方文明，由原来的鄙之恐之变为趋之，并在思想上表现出“中体西用”的哲学。在总体构思与布局中均是模仿西式近代银行，但却配着一副中国传统的面孔。如奉天公济平钱号（见图3－20），位于沈河区沈阳路126号砖木结构，地上2层，1931年竣工，设计人为张逸民，由崇德公司施工，建筑为中国传统硬山式坡屋顶。

**图3－20 奉天公济平钱号**

这一时期更多的本土银行表现的是在建筑平面布局、立面形式，木构屋架技术等各方面全方位的建筑近代化，规模宏大，风格华丽。就建筑形式而言，更多实力雄厚的银行模仿西方古典主义，一改我国传统建筑之道，突出刻画建筑个体，建筑形式上的意义重于空间上的意义。在内部流线上模仿近代银行的业务流程，不再是中国传统金融建筑中单向串联式的流线平面结构，而是多层次、多流线的平面布局，并且把建筑空间由传统的水平展开，变为纵向层叠，把传统的金融建筑的一层院落空间变为多层的单体建筑。这一时期，建筑技术的进步表现在两个方面，即建筑材料、建筑结构的进步，具体来说，有的银行建筑采用砖木结构，但木屋架往往以三角形的洋式屋架取代了传统的抬梁式榫卯木屋架，砖的材料也由青砖转向红砖。20年代是红砖建筑的鼎盛时期，钢筋混凝土结构的普遍使用是这一时期材料结构进步的又一体现，突破了中国木构架结构的建筑体系，卫生设备、建筑五金、暖气照明配备，改变了人们传统的生活方式，为沈阳其他洋风建筑的形成奠定了物质基础。

**典型事例——东三省官银号**

东三省官银号大事记。东三省官银号，原名奉天官银号，是奉天省的经济中枢，奉系军阀之所以敢在半个中国燃起战火，就是仰仗官银号这个经济后盾。

1905 年盛京将军赵尔巽为维护元法，整顿币制，上奏清廷，议创设官银号。同年 11 月 1 日清廷准奏，租赁省城钟楼南路东德兴永市房，创设奉天官银号。创设初期为试办性质，承办业务较为简单，首先发行以铜钱、银两、银元为本位的凭帖、银元、银两票纸币，以抗衡日本军用票的流通和回收私帖。银行业务以办理存款、信用放款、抵押放款为主，开设初期未办汇兑业务。

1909 年（宣统元年）7 月 1 日，当时的东三省总督徐世昌，将奉天官银号改为东三省官银号，为奉、吉、黑三省金融业的管理机关，代理三省地方财政的金库。总号迁至奉天省城大北门里。

1912 年（民国元年），清政府垮台，民国建立，东三省官银号作为地方银行继续存在，业务不断扩大，组织机构相应健全。

1919 年（民国 8 年），东三省官银号将公济钱号改组为公济平市钱号，发行铜元票。

1924 年（民国 13 年），张作霖为扩大东三省官银号实力，将“东三省银行”和“奉天兴业银行”合并于东三省官银号。

1928 年（民国 17 年），东三省官银号在原址上进行扩建。

1931 年 9 月 19 日，“九・一八”事变的第二天，东三省官银号总号被日军占领。

1932 年 7 月 1 日，东三省官银号被伪满洲中央银行吞并。

建筑特点：

其一，公正与华贵。

古典主义代表公正，巴洛克代表华贵。作为银行建筑更应该体现诚信公正与华贵宏伟，在东三省官银号的建筑风格中正体现了这两种风格（见图 3－21）。建筑的主入口在两条马路交叉处 45°方向，并在入口处设有圆形中央大厅贯通两层，其外部是两对贯通一、二层，柱身为没有凹槽的爱奥尼克柱式构成的柱廊，并且支撑着三层挑出的平台，构图均衡，为新古典主义传统做法。建筑横向展开为五段（见图 3－22），即中部主体、左右两翼、两端部，两翼与中央部分相比较，略为跌落，并在建筑两端收头处设有四面坡顶，纵向为三段式，这种构图手法参照巴黎卢浮宫东立面手法，“三平五竖”，遵循古典主义建筑构图的基本原则，一层有假山石作为台基段，结实稳健，中间层是虚实相间，平面化的壁柱，很有力度和节奏感，同时也是对主入口柱廊的呼应。与庄重雄伟的古典主义相比，建筑中连续的曲线女儿墙，多变的窗户形式和屋顶跌落的三重檐口都是明显的巴洛克风格。并且柱头的雕饰、檐口的线脚及其他细部，都做工精细，构图协调轻巧，同厚重的墙面形成强烈对比。

**图 3－21　东三省官银号入口**

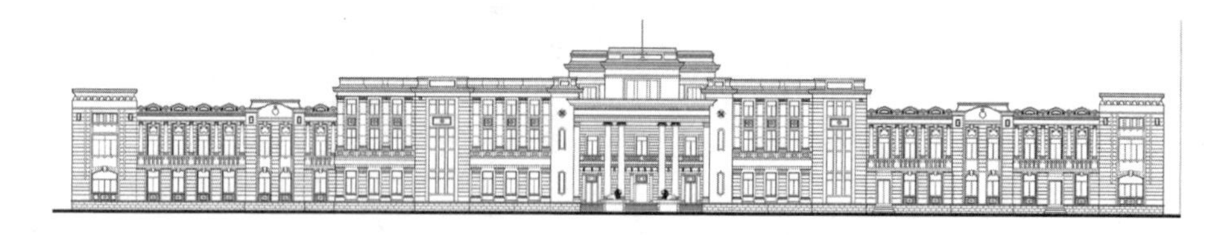

**图 3－22　东三省官银号立面展开图**

但值得注意的是，虽然建筑中大量运用柱式，但除了入口的两对爱奥尼克柱式的柱头是标准样式，其他的柱头雕饰不单是规范内容的“涡卷”和

"忍冬草"，而是中国的传统吉祥图案"梅花"和"麦穗"（见图3－23），并且墙面上也把中国的吉祥图案作为雕饰，它们与西式建筑巧妙地融合在一起，可以看作沈阳本土银行建筑把中国文化同外来文化相融合的初探，表现了当时人们对外来文化并不是盲目全盘接受，而是开始加以中国式发展的心理。

图3－23　柱头雕饰

其二，新旧结合的营业大厅。

东三省官银号（今中国工商银行沈河区支行）位于沈河区朝阳街21号，1929年由官银号自己的建筑师设计，建筑占地面积为8200平方米，建筑面积为3141平方米。平面沿道路展开（见图3－24），并设一层地下室，办公用房沿道路分为两端布置。

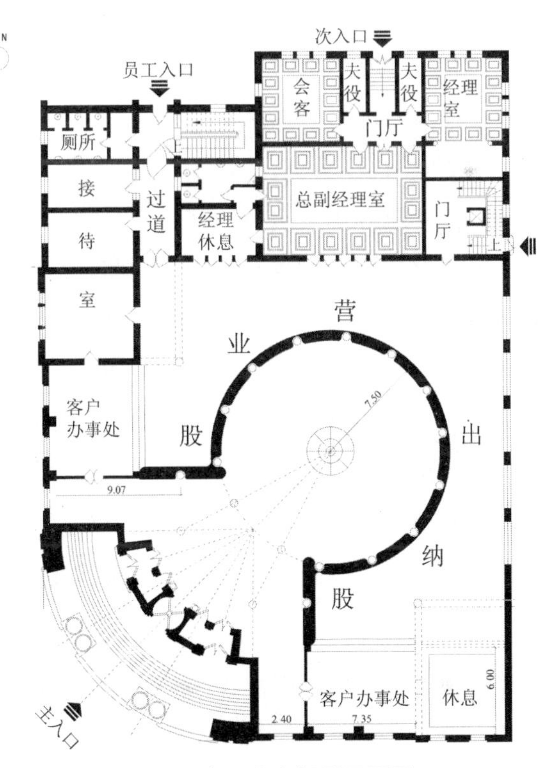


图3－24　东三省官银号平面图

一层布置的是银行的营业大厅，东三省官银号的业务既有传统的金融业务如买卖生金银、买卖粮食、汇兑，又有西式银行的代理省库、发行纸币、存款、贷款、投资经营等业务，可以想象这些中西业务共存一室，是多么热闹的景象，柜台上不仅有西方银行的工作流程，也有用天平称着银子，有试金石试着金子的中国传统项目。这些决定了银行营业大厅的综合性，不但要有顾客办业务的流线，还要有买卖商人洽谈业务的空间。所以，东三省官银号采取半径为 15 米的圆形营业大厅，并且厅内结合柱子设置柜台，保证了空间的开阔。在柜内明确地分出了营业股及出纳股，以避免不同目的的顾客在流线上的交叉。营业大厅贯穿两层，高度约为 6.6 米，在二层处模仿日本银行设置回廊。又由于银行从事买办的业务，所以在大厅两端还设有两个商家常年办事处，来办理日常商业业务。银行建筑平面分区明确前半部为营业区，后半部为内部办公区。为了私密性设有四个入口，一个对外办公的主入口，两个对内服务的入口，还为金库单独设计了一个入口。

这些都反映了发展初期的沈阳本土银行，既要学习西方的银行以自强，又要保留传统业务、经营方式的矛盾心理，表现了人们对于外来文化的思考。

其三，先进技术的应用。

由于实力雄厚，又有地方军阀扶植，官银号是沈阳本土银行引进先进技术的先锋。营业大厅顶部的采光处理，使用了方格彩色玻璃天花（见图 3 - 25），区别于西式银行的华丽石膏天花，反映了东方的审美情趣，并且营业大厅有玻璃天花采光，其上部采用了钢筋吊拉的先进结构方式，其上再加盖两坡的玻璃天窗（见图 3 - 26），防止雨水渗漏，这是沈阳的欧美银行中所没有的。银行结构为钢筋混凝土结构。虽然为三层建筑但也配备了电梯这一先进的竖向交通工具，这些都证明了面对西方强势，我们所采取的积极态度，面对西方文明，我们的金融机构没有故步自封，没有裹足不前，而是积极主动去吸收，去创新。

（2）中西合璧的本土银行近代化

沈阳在进入近代以前，形成了具有鲜明的地域特色的建筑文化，这些特色在建筑中有着丰富的反映，尤其是对各种文化的兼容并蓄的建筑文化特性，

图3－25　玻璃天花

图3－26　玻璃天窗构造

对于近代建筑产生了深远的影响。更进一步说，就是人们对于外来文化消化后的创新，主要有以下几个方面：一是有志向的中国海归建筑师在引入西方建筑的同时，致力于对中国近代建筑创作之路的探索。二是土生土长的中国建筑师凭借自己对西洋建筑的理解，并结合对本土文化与技术的自觉体现，所进行的具有一定模仿性质的创造。三是本土的建筑工匠凭借自身纯熟与精湛的传统工艺技术，紧密结合本土条件，对西洋建筑创造的学习与实践。它们是沈阳形成自己的近代金融建筑的基础，在建筑中往往表现为中西合璧的设计理念。银行建筑立面形式虽然以西式为主，但其中的具体内容却变成了中国化的，如柱式的柱头图案大多是梅花、麦穗、蝙蝠；建筑外表是西式的，其内部装修及布局反映的却是中国式的生活习惯。更有本土银行把中国的院落空间引进建筑布局中，打破了西方建筑之中刻画单体建筑，而不重建筑空间的设计理念，是对中国传统建筑的继承与发展。

**典型事例——边业银行**

边业银行的沧桑。边业银行创立最初是由北洋政府秘书长、西北筹边使徐树铮，认为边疆地区各种事业不发达，缺少金融机关，提议在库伦（今乌兰巴托）设立银行，又由于是以发展西北经济，活跃边区金融为宗旨设立的，故取名边业，1919 年（民国 8 年）7 月开始筹备，翌年 9 月成立。1921 年，因白俄动乱，总行迁至天津。1924 年军阀混战，边业银行营业陷入困境，各股东经过协商，一致同意转让给张学良。1925 年（民国 14 年）11 月由于直奉战争，张学良部下郭松龄倒戈反奉，张学良感到总行设在天津有所不便，遂于 1926 年 6 月 1 日迁至奉天省城大南门里。于 1927 年筹备建设新楼，1930 年此楼竣工，除办理存放贷款、贴现、汇兑等一般银行业务外，还拥有发行货币和代理国库之权，边业银行发行的纸币有独到之处，上边除了印有官印外，还奉张作霖之命加盖“天良”二字，以示银行的诚信。由于其实属张氏父子私有银行，遂与东三省官银号并驾齐驱，为东北最大银行之一。

1931 年 9 月 18 日，日寇发动“九・一八”事变，侵占沈阳。山河变色，民生凋敝，财产易主。当年 10 月，在日寇刺刀的逼迫之下，“奉天”边业银行勉强开门营业。但已是物是人非，江河日下。一代民族银行，在见证和亲历山河沦陷、国破家亡的历史后，也就带着齐家、兴国、富天下的梦想，消失于岁月的遗恨之中。

边业银行建筑特色。沈阳 20 年代经济的繁荣带来了金融市场的发展，同时也给作为金融活动的建筑提出了新的要求。虽然银行建筑在公共建筑中不属于大量性的建筑，但因其所体现的金融形象在某种程度上却能反映出社会经济的发展水平。边业银行的兴建正值沈阳近代建筑突飞猛进发展之际，无论是建筑形式、空间还是建筑材料都得到了空前发展，更重要的是沈阳建筑正摆脱中国传统营造方式。边业银行采用先进的钢筋混凝土结构，华美庄严的西方古典复兴建筑立面，丰富的功能组织与空间变化，同时又具有强烈的地域特性。

边业银行东邻朝阳街，南邻帅府办事处，西北是赵四小姐楼。建筑占地面积 4967 平方米，总建筑面积为 5603 平方米。与沈阳早期兴建的银行相比，边业银行无论在设计水平还是施工技术都有了很大提高。因边业银行的资金雄厚，在建造的过程中采用了先进的结构形式和高质量的建筑材料，建筑采用钢筋混凝土混合结构，地下一层，地上两层，局部三层。

首先，中西结合的建筑外观。

在总体设计构思上，结合周围环境，根据组成部分的功能特点，将银行大楼设于用地的南部，面临城市主干道，以适应银行大楼面向街面的功能要求，并以鲜明的建筑形象，丰富城市的沿街景观。

建筑正立面为 18 世纪流行的罗马古典复兴的建筑样式（见图 3－27），采用“三段式”构图手段，由明确的台基、柱子和檐部组成，在十级台阶上设

**图 3－27　边业银行建筑**

有门廊，由六根直径为一米的爱奥尼克巨柱式组成，并且全部由花岗岩石雕刻而成，柱式贯通两层，支撑着三层的出挑阳台部分。高大的柱廊总是给人坚固和豪华之感，同时又表现权力的威严和基业的稳固。三层挑台上有六根短小的爱奥尼克柱式承托屋檐，柱顶饰花垂穗。门廊两侧墙面也有平面化壁柱，外墙均由假石贴面，一层的石材以及建筑转角的石材和窗楣窗套檐口线角，都表现出强烈的西式风格，建筑整体严谨壮观，比例均衡。除了明确的体量关系，正立面还考虑到了许多中国式的建筑细部，在檐口、柱头以及上下两层窗间墙上都有精美的浮雕花饰（见图3－28），但是雕刻的内容都是中国的传统吉祥花卉，它们在这样西式的建筑中不会显得格格不入，反而很和谐地被运用到建筑中去，比起那些完全移植西方风格的建筑来说，更有味道，是中西方文化结合的又一例证。

**图3－28　边业银行柱头雕饰**

与主立面相比，建筑的其他三个立面（见图3－29、图3－30），除腰线和檐口线外，干净的墙面和无任何线角的长方窗表现了中国传统的砌筑手法，与正立面的西洋古典风格形成强烈对比。

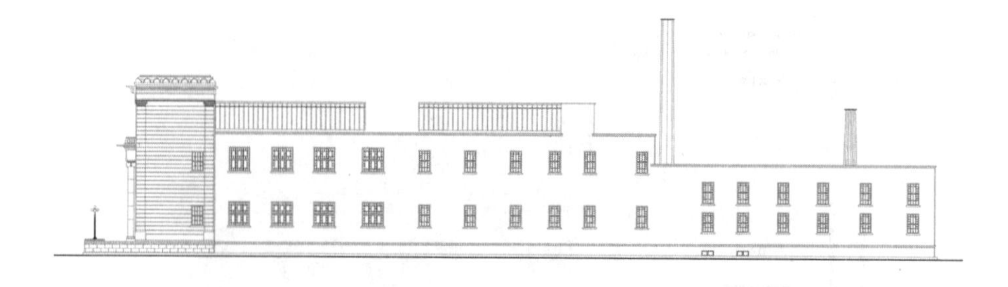

**图3－29　边业银行北立面**

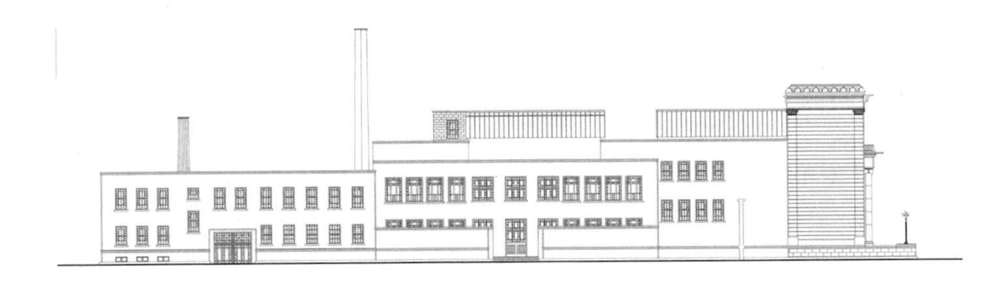

**图 3－30　边业银行南立面图**

其次，传统院落的平面布局。

建筑的平面为矩齿形（见图 3－31），功能分区明确完善，与现代的银行相比它在设计中对于功能分区的考虑一点也不逊色，在平面和空间的组合中，使各部分空间区域相对独立，又可有机联系。边业银行主要功能组成大致可分为三大部分：第一，首层平面前部为对外营业、公共活动部分，包括营业厅、交易厅等，是为外来客户进行各种金融活动的大空间场所。营业大厅 437 平方米，占据两层空间，二层上空大厅部分设置玻璃顶棚，镶彩色玻璃，既华丽又

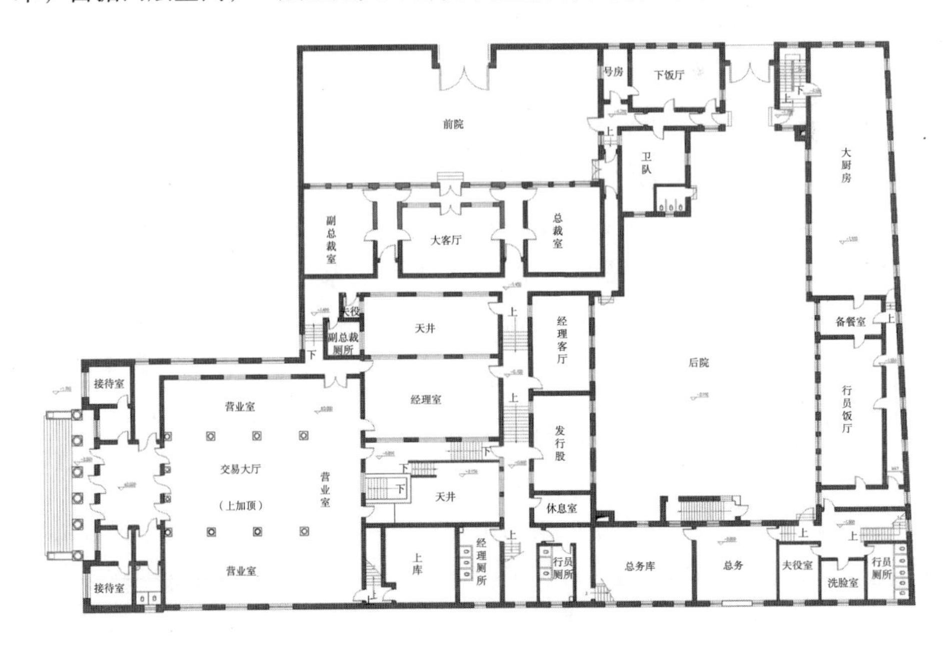


**图 3－31　边业银行首层平面**

可为大厅采光，周边营业员工作区则是华丽的石膏浮雕藻井，人们进入营业大厅即可感受到银行的庄重气派。第二，内部职能部分，包括营业事务办公、其他职能业务办公、管理用房等，内部的装修精致华丽，主要围绕营业大厅布置。并且在设计中充分考虑了私密性，行员、经理、总裁的活动区域是独立的，就连厕所也是分开的。第三，库区部分，分别是发行库、材料库、现金库、营业库、储藏库及其辅助用房。金库是各种货币及证券储存之地。对各组成部分的特点进行分析，其他职能业务办公设于各楼层，另设门厅用来组织内部办公人流的出入。库区是银行的重要部分，为防止遭受外来袭击和盗窃，将其设于大楼的地下室，并在外部设一条专用通道，直通地下室入口，与其他部分的人流截然分开，使得库区对外只有一个出入口，提高了安全度和保密性。

虽然边业银行的建筑思想主要是积极学习西方银行的先进之处，但在建筑内部空间的营建上却反映了中国的建筑文化，它是沈阳中西建筑文化融合的典范。建筑的平面功能结构吸收了西式银行的优点，各分布区功能独立又相互联系，每个分区都有各自的入口，满足了银行业务复合多元的要求。但整个建筑却突破了西式银行以营业大厅作为建筑中心的平面组织流线，取而代之的是以院落组织各功能分区。一条东西的轴线贯穿着整个建筑平面，这条轴线既是经营的行为主线，也是建筑时空的观赏动线，反映了中国重视建筑空间营造的传统建筑文化。此外，银行首层的平面分区与票号极其相似，是扩大化的前市后居建筑形态，如在前半部分银行是营业大厅，票号是对外经营的柜房、信房；中部银行是办公区，设置总裁室，票号也同样设置掌柜室；后部银行是对内服务区，为厨房及餐厅，对应着票号的后罩房。这些都反映了人们大胆接受外来文化的同时还留恋传统生活方式和审美原则，也体现了人们在学习外来文化的同时，没有抛弃传统建筑文化，而是走向了多种文化复合创新发展的道路。

最后，建筑空间。

边业银行的内部空间由于院落的组织而变化丰富，建筑与院落尺度的对比造就了不同的空间感，或开敞，或封闭，并且配合轴线布置的院落，是不同分区过渡的虚空间，强调了建筑的主旋律。此外，院落与室内空间高差很大，最大为2.85米（见图3－22），这些高差都用室内台阶来找平，从而在室内形成起伏并且气势非凡的空间，随着台阶到达不同的地坪，可以看到庭院中不同的景观，在建筑中体现了中国文化中的“天人合一”。

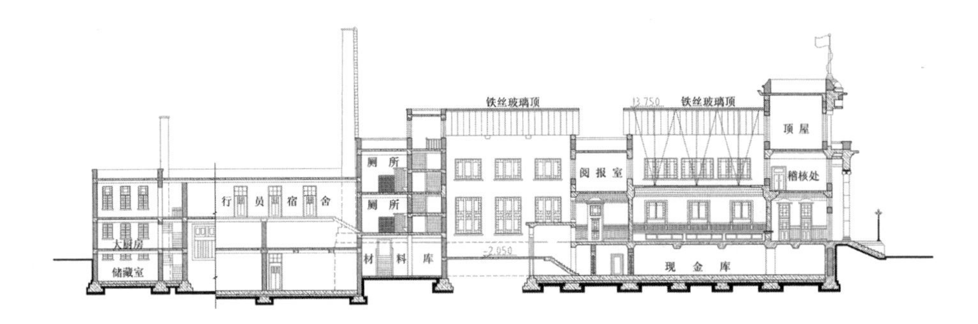


**图 3－32　边业银行剖面图**

**表 3－2　　盛京（沈阳）中资银行一览**

<table>
<tr><td>编号 1</td><td colspan="6">隆泰东银行</td></tr>
<tr><td>设立日期</td><td colspan="2">1898 年 2 月</td><td>地址</td><td>沈阳小西关</td><td>负责人</td><td>王世隆</td></tr>
<tr><td>编号 2</td><td colspan="6">东三省官银号（今为中国工商银行沈河支行）</td></tr>
<tr><td>设立日期</td><td>1905 年</td><td>地址</td><td colspan="4">初期位于城内钟楼南路，后迁至今沈河区朝阳街 21 号</td></tr>
<tr><td>历史沿革</td><td colspan="6">东三省官银号，原名奉天官银号，是奉天省的经济中枢，奉系军阀之所以敢在半个中国燃起战火，就是仰仗官银号这个经济后盾。<br>1905 年盛京将军赵尔巽为维护元法，整顿币制，上奏清廷，议创设官银号。同年 11 月 1 日清廷准奏，租赁省城钟楼南路东德兴永市房，创设奉天官银号。创设初期为试办性质，承办业务较为简单，首先发行以铜钱、银两、银元为本位的凭帖、银元、银两票纸币，以抗衡日本军用票的流通和回收私帖。银行业务以办理存款、信用放款、抵押放款为主，开设初期未办汇兑业务。<br>1909 年（宣统元年）7 月 1 日，当时的东三省总督徐世昌，将奉天官银号改为东三省官银号，为奉、吉、黑三省金融业的管理机关，代理三省地方财政的金库。总号迁至奉天省城大北门里。<br>1912 年（民国元年），清政府垮台，民国建立，东三省官银号作为地方银行继续存在。业务不断扩大，组织机构相应健全。<br>1919 年（民国 8 年），东三省官银号将公济钱号改组为公济平市钱号，发行铜元票。<br>1924 年（民国 13 年），张作霖为扩大东三省官银号实力，将“东三省银行”和“奉天兴业银行”合并于东三省官银号。<br>1928 年（民国 17 年），东三省官银号在原址上进行扩建。<br>1931 年 9 月 19 日，“九・一八”事变的第二天，东三省官银号总号被日军占领。<br>1932 年 7 月 1 日，东三省官银号被伪满洲中央银行吞并。</td></tr>
</table>

续表

| 编号 2 | 东三省官银号（今为中国工商银行沈河支行） | | | | |
|---|---|---|---|---|---|
| 建筑地址 | 沈河区朝阳街 21 号 | 设计时间 | 1929 年 | 设计公司・人 | 官银号自己的建筑师 |
| 建筑特点 | 建筑占地面积为 8200 平方米，建筑面积为 3141 平方米。<br>平面沿道路呈弧形，入口门廊设有两对柱身没有凹槽的爱奥尼克的柱式，圆形中央大厅贯通两层、三层屋顶设有平台，并设一层地下室，办公用房沿道路分来两端布置。建筑横向展开为五段，即中部主体、左右两翼、两端部，两翼与中央部分相比较，略为跌落，并在建筑两端收头处设有四面坡顶，纵向为三段式，这种构图手法参照巴黎卢浮宫东立面手法，“三平五竖”，遵循古典主义建筑构图的基本原则。与庄重雄伟的古典主义相比，建筑中连续的曲线女儿墙，多变的窗户形式和屋顶跌落的三重檐口都是明显的巴洛克风格。 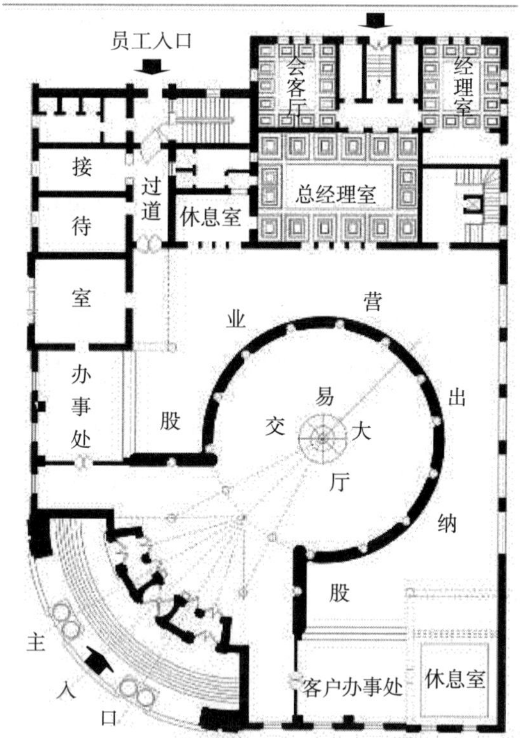 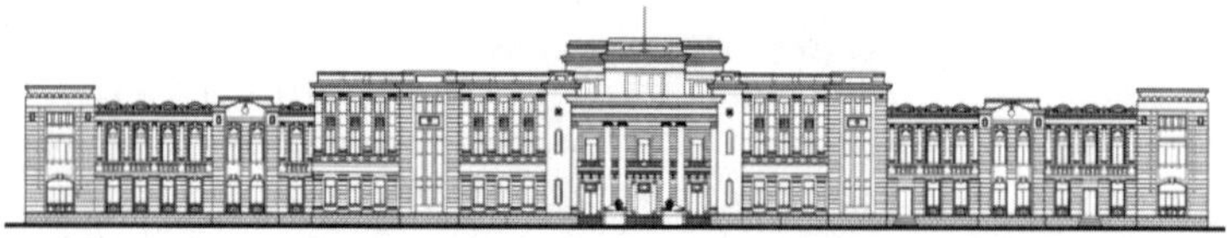<br> | | | | |

续表

<table>
<tr><td>编号 2</td><td colspan="2">东三省官银号（今为中国工商银行沈河支行）</td></tr>
<tr><td rowspan="8">东三省官银号分支机构照片</td><td>辽宁织益公司</td><td>哈尔滨东兴火磨</td></tr>
<tr><td></td><td></td></tr>
<tr><td>东丰东兴官当</td><td>哈尔滨东济机械油坊</td></tr>
<tr><td></td><td></td></tr>
<tr><td>黑龙江东三省官银号</td><td>沈阳利达公司之建筑</td></tr>
<tr><td></td><td></td></tr>
<tr><td>安东东三省官银号分号</td><td>辽宁东记印刷厂</td></tr>
<tr><td></td><td></td></tr>
</table>

续表

<table>
<tr><td>编号 2</td><td colspan="5">东三省官银号（今为中国工商银行沈河支行）</td></tr>
<tr><td rowspan="2">东三省官银号分支机构照片</td><td colspan="2">公主岭东三省官银号分号</td><td colspan="3">新民东三省官银号分号</td></tr>
<tr><td colspan="2"> </td><td colspan="3"> </td></tr>
<tr><td>编号 3</td><td colspan="5">公济平市钱号</td></tr>
<tr><td>设立日期</td><td>1906 年（光绪三十二年）6 月</td><td>地址</td><td colspan="3">在省城军署街</td></tr>
<tr><td>历史沿革</td><td colspan="5">公济平市钱号前身是公义商局。1901 年（光绪二十七年）为奉天公济会，1902 年改奉天商务总会出资 10 万两，开设公议商局，经营一般钱庄业务。开业不久，日俄战争爆发，受战乱影响，奉天市场萧条，公议商局营业不振，行将停业。后经商务总会与奉天官银号协商，达成合营协议，商务总会出资白银 2 万两，官银号出资 4 万两，于 1906 年（光绪三十二年）6 月，改名公济钱号继续营业（地址在省城军署街）。1908 年商务总会将股本抽出，交由奉天官银号独资经营，成为官银号的附属企业。官银号独资经营后，专门办理汇兑和钱币兑换，并附属 4 家当铺。1914 年，因买卖羌帖遭受重大损失，濒临停业。在这种情况下，官银号又出资 50 万元（银元），使公济钱号继续保持营业。</td></tr>
<tr><td>建筑地址</td><td>沈河区沈阳路 126 号</td><td>竣工日期</td><td>1931 年</td><td>建筑结构</td><td>砖木结构</td></tr>
<tr><td>设计公司・人</td><td>张逸民</td><td colspan="2">施工公司・人</td><td colspan="2">崇德公司</td></tr>
<tr><td>建筑特点</td><td colspan="5">建筑在思想上表现出“中体西用”的哲学。在总体构思与布局中均模仿西式近代银行，并且出于对周围环境的考虑，建筑采用中国传统硬山式坡屋顶，以及中式的建筑技术与结构材料。 </td></tr>
</table>

续表

| 编号4 | 奉天世合公银行 | | | | |
|---|---|---|---|---|---|
| 设立日期 | 1906年（光绪三十二年） | 地址 | 奉天大南门里 | 股东 | 张金臣等 |
| 历史沿革 | 1924年（民国13年），向奉天当局申请变银号为银行。该行营业章程规定："本银行以开发产业调剂金融为宗旨，经营放款、存款、各种汇兑及贴现、买卖生金银及各种货币等。"1927年（民国16年），开始缩小经营规模。"九·一八"事变后，依据伪银行法规定，重新登记注册，继续营业，公称资本伪满币100万元，实缴50万元，经理仍为张金臣。该行为牟取厚利又在沈阳和外地开设8处当铺。1940年，当业被查禁，世合公银行倒闭，将财物出兑给资本家陈楚材，另建奉天实业银行。 | | | | |
| 编号5 | 大清银行奉天分行 | | | | |
| 设立日期 | 1907年（光绪三十三年）2月 | 地址 | 奉天省城大西门内大街 | | |
| 历史沿革 | 大清银行奉天分行原名大清户部银行奉天分行。不久，户部改名度支部，户部银行改称大清银行，奉天分行随之改称大清银行奉天分行。该行是清政府中央银行在东北最早设立的一家分行。大清银行有发行货币、管理国家金库的特权。<br>1911年辛亥革命后，大清银行随着清王朝的崩溃而解体，以另组建的中国银行代之。1912年大清银行奉天分行改称大清银行奉天分行清理处。1913年2月14日中止支付业务。 | | | | |
| 建筑特点 | 采用了在当时相当宏伟壮丽的洋风建筑形式，建筑三层，中央是波浪形曲线山花，刻满华丽的卷草花纹，两端是六边形带有穹隆的三层高塔屋，门窗均采用连续圆拱券，墙面上的石材饰面上刻满了西式雕刻图案，在窗的两边有小束柱来强调竖向直线条，立面一、二、三层处运用不同砌筑方法勾勒出连续的水平线脚。  | | | | |
| 编号6 | 浙江兴业银行奉天分行 | | | | |
| 创立日期 | 1907年（光绪三十三年） | 地址 | 大西门里 | | |

续表

<table>
<tr><td>编号7</td><td colspan="5">交通银行奉天分行</td></tr>
<tr><td>创立日期</td><td>1910年（宣统二年）四月</td><td>地址</td><td colspan="3">奉天省城小南门里（今沈河区委办公楼南侧）</td></tr>
<tr><td>历史沿革</td><td colspan="5">交通银行是清政府为振兴航运、铁路、电信、邮政事业设立的官商合办银行。1907年（光绪三十三年），邮传部尚书陈壁和、左承郭曾新奏请清廷拟办交通银行。同年11月4日，经清廷准奏，交通银行正式建立，总行设在北京。<br>交通银行奉天分行于1910年（宣统二年）4月设立，资本奉小洋100万元，其经营业务包括国内汇兑及跟单押汇、各种存款及储蓄、各种放款、国库证券及商业妥实期票贴现、兑换外国货币及买卖生金银、经收各种票据及保管贵重物件；此外，还办理如下特别业务：掌管特别会计国库金、受政府委托分理金库。<br>1931年“九·一八”事变后，日伪政权允许该行继续营业。但为便于统治，也须在长春设立管辖行。1935年6月交通银行长春分行建立。奉天分行隶属长春分行管辖，因受日伪排挤，营业不振，处于半停业状态。</td></tr>
<tr><td>编号8</td><td colspan="5">中国银行奉天分行</td></tr>
<tr><td>设立日期</td><td>1912年6月2日</td><td>经理</td><td colspan="3">杨建益</td></tr>
<tr><td>历史沿革</td><td colspan="5">中国银行是辛亥革命后，于1912年在大清银行的基础上改组而成。中国银行奉天分行主要办理：国库证券的贴现或买入、商业期票的贴现或买入、汇票的贴现或买入、办理汇兑等。1916年（民国5年）5月，张作霖宣布与民国政府断绝关系，实行军阀割据，因此，东北的国库始终由东三省官银号经营。东北沦陷后，伪满政府制定了伪银行法，强令关内系统银行重新申请营业许可，多数被迫停业，中国银行因历史悠久，素有信用，允许继续营业。但伪满政府为便于统治，于1935年6月，强令哈尔滨、沈阳两分行由长春管辖行进行统管。中国银行奉天分行在伪满统治时期，虽未停业，但深受伪满政府排挤，苟延残喘，处于半停业状态。</td></tr>
<tr><td>编号9</td><td colspan="5">奉天兴业银行</td></tr>
<tr><td>设立日期</td><td>1912年（民国元年）4月22日</td><td>地址</td><td>省城钟楼南</td><td>总办</td><td>谭国桓</td></tr>
<tr><td>历史沿革</td><td colspan="5">奉天农业银行总行在新民、辽中、台安、盘山、锦州、开原设6处分行，办理短期贷款。贷放时要以地契或有价证券担保，按担保价值五成以下贷给，并讲明用于重建家园，恢复生产。该行还有纸币发行权。奉天农业银行的建立是权宜之计，目的在于救济灾民，解决燃眉之急。开业后，一面融通资金救济灾民，一面筹组劝业银行。于1913年7月改为官商合办的奉天兴业银行，以办理存款、放款、汇兑业务为主，兼有纸币发行权。1916年发生挤兑风潮，纸币价格一再跌落，不能保证兑现，加上该行副经理刘鸣岐与日本人勾结，将库款贷给日本商人，由日人出面以奉票挤兑现洋，他从中渔利，事发后，被张作霖枪决。由于经营紊乱，副经理被枪杀，于同年10月30日宣布停业。该行在停业整理期内，官方将商股全部买下，停业数十天后，重新开业，变成纯官办银行。<br>奉天兴业银行后期由于经营紊乱，失去信用，营业始终不振，徒具银行虚名。1924年，和东三省银行一起并入东三省官银号。</td></tr>
</table>

续表

<table>
<tr><td>编号10</td><td colspan="7">奉天商业银行</td></tr>
<tr><td>设立日期</td><td colspan="2">1914年（民国3年）5月</td><td>地址</td><td colspan="4">奉天省城大西门里</td></tr>
<tr><td>历史沿革</td><td colspan="7">奉天商业银行，是由奉天商务总会倡议，各商号集资开设的沈阳第一家商业银行。该行以扶助商业发展为宗旨。成立初期主要办理地方工商业存款、放款、汇兑业务。因市面上银辅币缺乏，不敷应用，影响商业交易。当时奉票被挤兑日益严重，市面经济日趋混乱，1918年（民国7年）3月，张作霖命令奉天商务总会着手整顿奉天商业银行，勒令该行停止发行，并允以回收。1921年（民国10年）一时营业兴旺发达，于是增加资本扩充经营，到1924年（民国13年）资本增至150万元（银元），先后在铁岭、开原、东丰、辽阳、法库等地建立了支行。后来，由于奉票不断跌价、工商倒闭、经济萧条，该行也遭到很大损失，一度经营萎缩。“九・一八”事变后，经伪财政部批准于1934年11月29日重新开业。1942年伪政府对金融机构的分布加以调整。同年7月6日，将奉天商业银行、同益商业银行、沈阳银行3家合并，改名沈阳商业银行，总行设在商业银行旧址。解放后，只有总行及和平分行继续营业，由于经营混乱，于1952年倒闭。</td></tr>
<tr><td>编号11</td><td colspan="7">奉天储蓄总会</td></tr>
<tr><td>设立日期</td><td colspan="2">1917年（民国5年）</td><td>地址</td><td colspan="2">奉天城内军署街</td><td>创办人</td><td>张志良</td></tr>
<tr><td>历史沿革</td><td colspan="7">该会为股份有限组织，成立当时，定股本为奉小洋18万元，作5000股。后扩充为20万股，收足股本720万元。储蓄会初创时，张学良任名誉会长，该会建立后业务不断扩展，在东北各地建立分会及代理处达84处。该会经营业务为押借款项、投资、储蓄存款。<br>1931年“九・一八”事变后，奉天储蓄会于1934年10月被日伪改组为奉天商工银行。<br>1945年抗日战争胜利后，奉天商工银行由中国银行接收。1946年6月，以张作相、金恩祺为代表的原股东，向国民党当局要回被日伪侵夺的资产，奉天储蓄会复业。<br>沈阳解放后，奉天储蓄会继续营业，改名工商储蓄银行，1952年停业。</td></tr>
<tr><td>编号12</td><td colspan="7">奉天汇业银行</td></tr>
<tr><td>设立日期</td><td colspan="2">1918年（民国7年）</td><td>地址</td><td colspan="4">奉天南门里大街路东</td></tr>
<tr><td>历史沿革</td><td colspan="7">由中国商人与日本商人合办的，民国31年，并入兴亚银行奉天分行。</td></tr>
<tr><td>编号13</td><td colspan="7">东三省银行</td></tr>
<tr><td>设立日期</td><td colspan="2">1920年</td><td colspan="2">历史沿革</td><td colspan="3">于1924年合并于东三省官银号</td></tr>
<tr><td>编号14</td><td colspan="7">奉天大同银行</td></tr>
<tr><td>设立日期</td><td colspan="2">1922年3月</td><td colspan="2">地址</td><td>旧城楼</td><td>负责人</td><td>尚志</td></tr>
<tr><td>建筑地址</td><td>沈河区正阳街36号</td><td>设计日期</td><td>1927年</td><td>设计公司・人</td><td>沈若毅</td><td>审查人</td><td>马德范<br>工程师</td></tr>
</table>

续表

| 编号 14 | 奉天大同银行 | | | | |
| --- | --- | --- | --- | --- | --- |
| 建筑特点 | 银行为地上两层，地下一层建筑。屋顶为木架结构。入口立面女儿墙高起，挡住了坡屋顶。平面为 H 形，一层为矩形营业大厅及两旁的经理、招待等办公用房，二层及地下室均为卧室及饭厅，地下室设有金库、锅炉等。大同银行正立面为三段式，由基座、入口、门廊及用女儿墙做出的檐口层构成。这种将入口立面做成三段式仿洋式建筑处理手法，在商店建筑中更为流行一时演化成风靡全国的洋式店面。 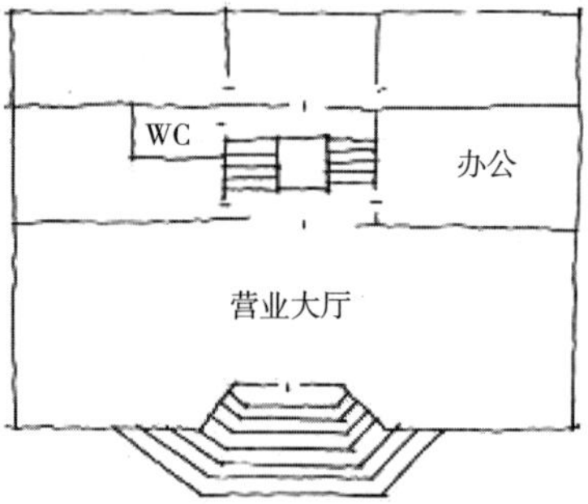  | | | | |
| 编号 15 | 东北银行 | | | | |
| 设立日期 | 1923 年 5 月 | 地址 | 沈阳市中街东头路南 | 负责人 | 王明宇 |
| 编号 16 | 益增庆银行 | | | | |
| 设立时间 | 1924 年 | 地址 | 沈阳市大北门里 | | |
| 编号 17 | 沈阳银行 | | | | |
| 设立日期 | 1924 年（民国 13 年） | 地址 | 奉天小西门里 | | |
| 历史沿革 | 沈阳银行的前身是义和永钱庄。“九・一八”事变后，依据伪银行法整顿弱小金融机构的规定，钱庄无法经营，遂报经伪财政部批准，改组为沈阳银行，于 1934 年 12 月 27 日开业，经营普通银行业务。实缴资本伪币 20 万元，总经理李际春，经理汤雨臣，副经理马丕汉。在伪满政府第二次金融机构整顿中，于 1942 年 7 月 1 日并入奉天商业银行。 | | | | |

续表

| 编号18 | 东北边业银行 | | | | |
|---|---|---|---|---|---|
| 设立日期 | 1926年6月1日 | 地址 | 奉天省城大南门里 | 股东 | 张学良等 |
| 历史沿革 | 边业银行创立最初是由北洋政府秘书长、西北筹边使徐树铮，认为边疆地区各种事业不发达，缺少金融机关，提议在库伦（今乌兰巴托）设立银行，又由于是以发展西北经济，活跃边区金融为宗旨设立的，故取名边业，1919年（民国8年）7月开始筹备，翌年9月成立。1921年，因白俄动乱，总行迁至天津。1924年军阀混战，边业银行营业陷入困境，各股东经过协商，一致同意转让给张学良。1925年（民国14年）11月由于直奉战争，郭松龄倒戈反奉，张学良感到总行设在天津有所不便，遂于1926年6月1日，迁至奉天省城大南门里。于1927年筹备建设新楼，1930年此楼竣工，除办理存放贷款、贴现、汇兑等一般银行业务外，还拥有发行货币和代理国库之权，边业银行发行的纸币有独到之处，上边除了印有官印外，还奉张作霖之命加盖“天良”二字，以示银行的诚信。由于其实属张氏父子私有银行，遂成为与东三省官银号并驾齐驱，为东北最大银行之一。1931年9月18日，日寇发动“九・一八”事变，侵占沈阳。山河变色，民生凋敝，财产易主。当年10月，在日寇刺刀的逼迫之下，“奉天”边业银行勉强开门营业。但已是物是人非，江河日下。一代民族银行，在见证和亲历山河沦陷、国破家亡的历史后，也就带着齐家、兴国、富天下的梦想，消失于岁月的遗恨之中。 | | | | | |
| 建筑地址 | 沈阳区朝阳街240号 | 竣工日期 | | 1930年 | |
| 建筑特点 | 边业银行的兴建正值沈阳近代建筑突飞猛进发展之际，无论是建筑形式、空间还是建筑材料都得到了空前发展，更重要的是沈阳建筑正摆脱中国传统营造方式。边业银行采用先进的钢筋混凝土结构，华美庄严的西方古典复兴建筑立面，丰富的功能组织与空间变化，同时又具有强烈的地域特性。<br>边业银行东邻朝阳街，南邻帅府办事处，西北是赵四小姐楼。建筑占地面积4967平方米，总建筑面积为5603平方米。与沈阳早期兴建的银行相比，边业银行无论在设计水平还是施工技术上都有了很大提高。因边业银行的资金雄厚，在建造的过程中采用了先进的结构形式和高质量的建筑材料，建筑采用钢筋混凝土混合结构，地下一层，地上两层，局部三层。<br>建筑正立面为18世纪流行的罗马古典复兴的建筑样式，采用“三段式”构图手段，由明确的台基、柱子和檐部组成，在十级台阶上设有门廊，由六根直径为一米的爱奥尼克巨柱式组成，并且全部由花岗岩石雕刻而成，柱式贯通两层，支撑着三层的出挑阳台部分。高大的柱廊总是给人坚固和豪华之感，同时又表现权力的威严和基业的稳固。三层挑台上有六根短小的爱奥尼克柱式承托屋檐，柱顶饰花垂穗。门廊两侧墙面也有平面化壁柱，外墙均由假石贴面，一层的石材以及建筑转角的石材和窗楣窗套檐口线角，都表现了强烈的西式风格，建筑整体严谨壮观，比例均衡。 | | | | | |

续表

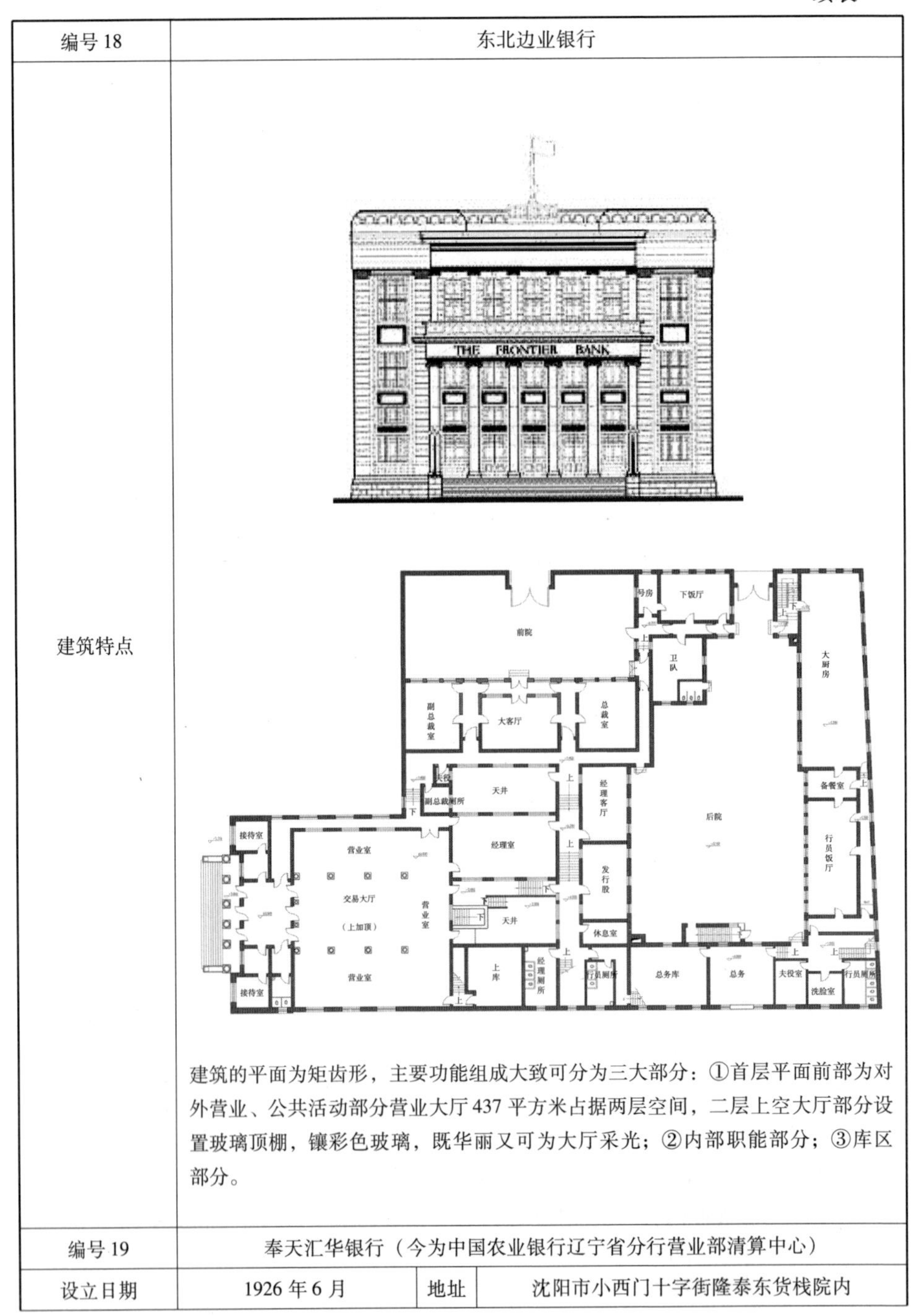


| 编号 18 | 东北边业银行 | | |
|---|---|---|---|
| 建筑特点 | 建筑的平面为矩齿形，主要功能组成大致可分为三大部分：①首层平面前部为对外营业、公共活动部分营业大厅 437 平方米占据两层空间，二层上空大厅部分设置玻璃顶棚，镶彩色玻璃，既华丽又可为大厅采光；②内部职能部分；③库区部分。 | | |
| 编号 19 | 奉天汇华银行（今为中国农业银行辽宁省分行营业部清算中心） | | |
| 设立日期 | 1926 年 6 月 | 地址 | 沈阳市小西门十字街隆泰东货栈院内 |

续表

<table>
<tr><td>编号19</td><td colspan="5">奉天汇华银行（今为中国农业银行辽宁省分行营业部清算中心）</td></tr>
<tr><td>历史沿革</td><td colspan="5">由张作霖的监印官张惠霖之子张其先发起投资，于1926年（民国15年）6月创立。张惠霖当时任张作霖的监印官，兼营沈阳储蓄会，与军政商界上层人物往来密切。因此，该行建立当时就得到东三省官银号和沈阳储蓄会的帮助。董事长张其先，其他执事人多为军商界上层人物。创立资本公称现大洋60万元，实缴30万元，即开始营业，该行名为银行，实际不办银行正常业务，主要以倒卖粮食和利用奉票毛荒之机，从事票券交易为主要盈利手段。存款主要是兵工厂和军需处的军费，很少吸收工商业和私人款项。由于投机倒把，盈利颇多。1927年6月扩大经营，将资本增至120万元，实收87万元。1928年冬，迁至大西门里路北新建的楼房营业。因1931年“九·一八”事变停业，随后清理，1934年解体。</td></tr>
<tr><td>建筑地址</td><td colspan="2">奉天大西门里沈河区沈阳路70号</td><td>竣工日期</td><td colspan="2">1928年</td></tr>
<tr><td>建筑特点</td><td colspan="5">钢筋混凝土结构，地上三层，地下一层，建筑立面虽有欧式符号，但整体建筑风格以趋向简洁，呈中心对称布局，外饰面为清水混凝土，现保存完好。 </td></tr>
<tr><td>编号20</td><td colspan="5">信城永银行</td></tr>
<tr><td>设立日期</td><td>1927年</td><td>地址</td><td>沈阳市鼓楼北</td><td>负责人</td><td>徐景突</td></tr>
<tr><td>编号21</td><td colspan="5">奉天林业银行</td></tr>
<tr><td>设立日期</td><td colspan="2">1927年（民国16年）12月15日</td><td>地址</td><td colspan="2">遂川街23经路口</td></tr>
<tr><td>历史沿革</td><td colspan="5">奉天林业银行由孟广德等27人发起创办。创办章程规定，本银行以发展林业调剂金融为宗旨，定名为奉天林业银行。首任董事长孟广德，业务为办理定期、活期存款，不动产抵押放款、仓库业、汇兑、买卖生金银及各种货币。“九·一八”事变后，重新登记注册，于1934年12月27日继续开业，但在日伪经济统治下，经营不到2年，业务陷入困境，于1936年7月停业，将房产设备卖给奉天商工银行。经国民政府批准于1947年2月复业，董事长马毅。同年12月又在和平区中华路附设储蓄部1处，沈阳解放时停业。</td></tr>
</table>

续表

<table>
<tr><td>编号 22</td><td colspan="6">永和久银行</td></tr>
<tr><td>设立日期</td><td>1928 年</td><td>地址</td><td>沈阳市大北关</td><td>负责人</td><td colspan="2">孔繁壁</td></tr>
<tr><td>编号 23</td><td colspan="6">同益兴银行</td></tr>
<tr><td>设立日期</td><td>1929 年</td><td>地址</td><td>沈阳市小西门里</td><td>负责人</td><td colspan="2">郝达周</td></tr>
<tr><td>编号 24</td><td colspan="6">辽宁民生银行</td></tr>
<tr><td>设立日期</td><td>1929 年（民国 18 年）</td><td>地址</td><td>奉天小南门里</td><td>股东</td><td colspan="2">宋钦堂</td></tr>
<tr><td>历史沿革</td><td colspan="6">辽宁民生银行，为前任奉天公民储蓄会会长宋钦堂集资设立，是股份有限组织。1929 年（民国 18 年）秋开业，创办当时公称资本 100 万元，实缴 25 万元。总行地址设在小南门里，同时在抚顺设分行。该行办理存款、放款、汇兑等普通商业银行业务。“九・一八”事变爆发后，不甘受日伪压迫，经董事会议决暂行停业。“八・一五”光复后，于 1947 年 2 月 25 日复业，地址南市场，总经理宋钦堂，经理荆有岩，资本东北九省流通券 5000 万元，复业当年，由于经营不善，亏损 543 万元。以后处于停业状态。沈阳解放后重新复业，1952 年停业。</td></tr>
<tr><td>编号 25</td><td colspan="6">志城银行</td></tr>
<tr><td>设立日期</td><td>1933 年</td><td>地址</td><td colspan="4">奉天大北关火神庙胡同</td></tr>
<tr><td>历史沿革</td><td colspan="6">志城银行成立于 1933 年，由渊泉溥、富森竣、咸元惠、义泰长、锦泉福 5 家连字号钱庄合并组成，取名志城银行，众志成城。总行地址大北门里，并在本市大北关、义光街和赤峰设 3 处支行。董事长曹童甫。该行业务经营各种存款、放款、贴现、押汇、汇兑等一般银行业务。<br>后于 1935 年迁入今和平区中华路 118 号。由于志城银行经营规模扩大，引起伪政权的重视，要求志城银行股份公开，在市场上公开买卖该行股票，企图将志城银行的股票逐步转移到日本人手中，由日本人掌握经营管理权，使日本势力渗入。伪政权为进一步加强统治，实行高压政策，规定以银行吸收的存款或工商业的资金，拿出 20% 购买伪满政府发行的公债；10% 买社债（建设工业资金）；30% 存入伪满洲中央银行；20% 留作支付存款的准备金；仅剩下 20% 可以用作放款。这个规定使银行失去了经营自主权。<br>1942 年 7 月，伪满政权为在主要城市设立有力银行，加强金融统治，指令私营银行进行“强化整备”措施，将志城银行与奉天实业银行、抚顺德义银行合并，仍保留志城银行名称。<br>沈阳解放后，在国家银行扶植下，于 1948 年 11 月 22 日重新开业。</td></tr>
<tr><td>建筑地址</td><td>和平区中华路 118 号</td><td>竣工时间</td><td>1935 年 1 月 4 日</td><td>建筑结构</td><td colspan="2">清水砖石结构</td></tr>
</table>

续表

| 编号25 | 志城银行 |
| --- | --- |
| 建筑特点 | 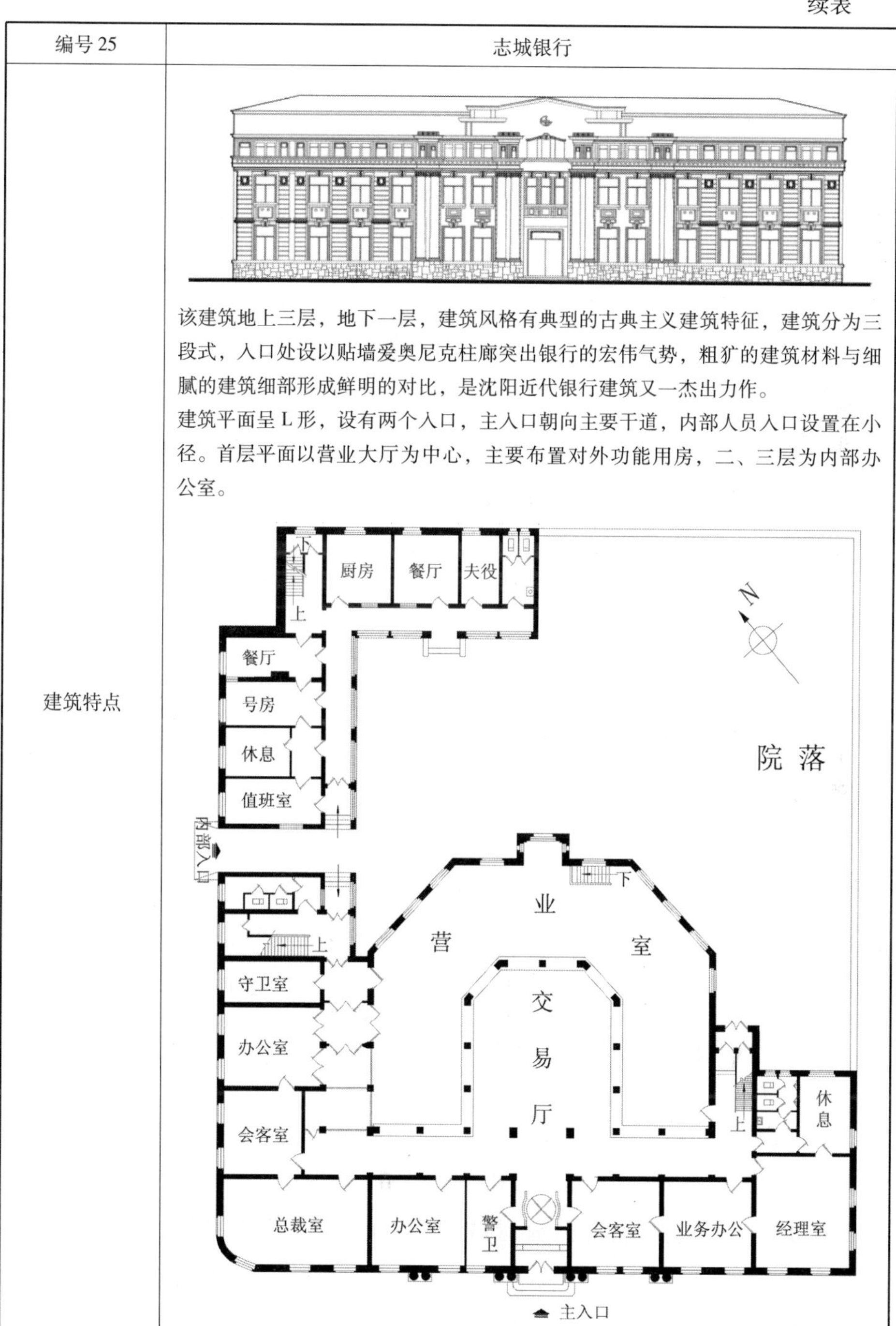<br>该建筑地上三层，地下一层，建筑风格有典型的古典主义建筑特征，建筑分为三段式，入口处设以贴墙爱奥尼克柱廊突出银行的宏伟气势，粗犷的建筑材料与细腻的建筑细部形成鲜明的对比，是沈阳近代银行建筑又一杰出力作。<br>建筑平面呈L形，设有两个入口，主入口朝向主要干道，内部人员入口设置在小径。首层平面以营业大厅为中心，主要布置对外功能用房，二、三层为内部办公室。 |

## 3.4 文明发展的萧条期（1931—1948 年）

这一时期主要指 1932—1945 年日本占领沈阳时期，是近代金融建筑萧条时期。“九·一八”事变后，东北沦为日本帝国主义的殖民地。日本为其政治、军事、经济上的需要，其金融业首当其冲地加入了对华经济掠夺的行列。为控制沈阳经济，操纵沈阳金融，伪政权在沈阳极力扩大日伪金融势力，打击欧美银行，摧残民族资本银行，迫使欧美银行相继停业，民族资本银行纷纷倒闭。虽然日本在经济上大肆侵略，增设大量银行，但这一时期兴建的银行建筑很少，大量的日伪金融机构都是收编沈阳原有其他银行建筑，所以此时期的近代金融建筑较 1905—1931 年的蓬勃发展呈萧条趋势。

## 3.5 本章小结

建筑的发展总是揭示着社会历史的变革与人类文明的进步，并且作为一种文化现象，其本身是复杂、多层面的。本章通过对沈阳近代银行的真实史料分析，以中西文明碰撞、交融、发展为脉络，研考出盛京近代金融建筑形成发展创新的全过程。这一研考，既是近代这一特殊历史时期的金融建筑的史料研究，又可从中揭示出社会历史及人们心理的变化及建筑技术的发展。第一阶段，近代银行作为帝国主义经济侵略的工具，很早就出现在中国的土地上，对传统金融机构造成冲击。但是由于当时社会背景，人们对于外来文化是排斥心态，造成了建筑文化上中西对峙的局面。第二阶段，随着西方文明的大量涌入，人们对于外来文化的态度有所改变，由最初的“夷场”变成了“洋场”，再加上中国半殖民地程度不断加深，清政府逐渐意识到新式银行作为金融机构的作用，这时在社会上形成了官方引导的金融建筑近代化，传统金融机构逐渐被取代。第三阶段，辛亥革命推翻了清王朝的统治，人们的思想更加开明，民间经济也有较大发展，这时的沈阳迎来了金融建筑发展的高潮。西式银行带来了新的建筑理念、新的建筑材料以及新的建筑技术，促进了中国建筑技术的发展。此外，智慧的中国人在学习吸收外来文化的先进之处的同时，并没有停滞在完全模仿西式银行建筑上，而是与中国深厚积淀的文化相结合，走出了建筑创新的一步，创造了属于盛京近代金融建筑。

# 第4章　近代盛京百象生 金融建筑特色明

盛京（沈阳）近代金融建筑，既包括中国近代金融建筑的共性也有不同于其他的鲜明个性，本章主要通过两个方面来论述：其一是地域性特点，进一步说就是，不应把全体的共性现象笼统地视为盛京（沈阳）金融建筑特点，也不应以狭义的视野，局限于沈阳地区来总结金融建筑特点，而应与同时期其他地方金融建筑的发展相比较，通过这种横向的比较，所能得出的结论才是客观的，才是盛京（沈阳）近代金融建筑自身的地域性特征。其二是近代金融建筑的特点，在盛京（沈阳）近代存在着多种建筑类型，面对外来文化，它们与金融建筑一起发展，在此过程中由于社会、文化、经济这些因素，金融建筑有着不同其他的特点，通过同沈阳其他近代建筑类型相比较，而得出近代金融建筑的特点。

## 4.1　盛京（沈阳）近代金融建筑的特性

### 4.1.1　中西合璧、兼容并蓄的本土金融建筑创作

首先分析一下近代中国其他城市的建筑发展特点。上海、大连、青岛、武汉等城市，由于其所处地理位置，比较早地受到外来文化的影响，以上海、武汉为例，由于优越的地理位置从很早起就是中国的商业中心，在西方殖民者的炮火胁迫下开放而成为通商口岸，并迅速发展成为中国最重要的近代都市。由于通商口岸的经济作用，所以列强们都争先恐后地开设银行，其一通

过银行搜刮更多的利益，其二以此来宣扬本民族文化的优势，显示西方文明的进步。外来建筑文化对这些城市的冲击表现了不容置疑的强势，西方人按照他们的生活习惯建造银行，建筑表现得非常正统，先是早期的“券廊式”殖民地银行建筑，图 4 - 1 所反映的就是 1850 年的外滩景象，建筑大多为一至二层，这种早期西式建筑形式，属于来自西方人在印度、东南亚等殖民地建造的外廊式建筑，也称“英国殖民地式”建筑。它本是为了适应热带气候而创造出的一种建筑样式。“为了挡住夏天的阳光，尽可能保持室内的阴凉，墙壁至少为 3 英尺厚，外墙刷得雪白，楼外面周围是配置着拱门的敞开游廊”。[①] 随着西式文化的不断侵入，上海、武汉、青岛等地的银行建筑样式逐渐演变为以“柱廊式”为特征的西方古典主义样式，图 4 - 2 反映的是 1925 年的上海外滩，外滩的建筑 70% 都是银行，同 1850 年相比，可以看出从建筑的样式、材料到高度均有重大改变，建筑不再是低矮的“券廊式”，而变为宏伟壮观的洋风式，建筑结构不再是砖木混合结构，而变为先进的砖墙钢筋混凝土结构。唯一不变的是银行建筑的建造仍然是在西方文化的被动植入下开

**图 4 - 1　1850 年的上海外滩**

① ［美］罗兹·墨菲．上海——现代中国的钥匙［M］．上海：上海人民出版社，1987：84.

展的，没有结合中国的传统建筑文化。这是因为在政治上，上海等地外来势力处于绝对霸权，并没有一支本土势力与之抗衡；在文化上，上海等地一直是中国接受新思想的前沿地带，所以传统思想根基不牢，并且西方的建筑机构如公和洋行，也随着西方势力进入上海，这更促进了西方建筑文化的传播，导致上海、武汉、青岛等城市对于外来文化全盘接受、模仿建造，克隆出一座座精美华丽、比例匀称的标准西洋古典主义银行，这些城市近代金融建筑的发展过程是一个以西式建筑逐渐取代中国传统建筑的过程。

**图 4－2　1925 年前后的上海外滩**

而盛京（沈阳）由于其独特的社会背景，造就了与上海等地不同的近代金融建筑发展之路。在文化上，沈阳是近代化的封建王城，是以中国传统建筑文化为中心的天眷盛京，具有深厚的中国传统建筑文化及建筑技术根基，在进入近代以前，就形成了具有鲜明的地域特色的建筑文化，这些特色在建筑中有着丰富的反映，尤其是对各种文化的兼容并蓄的特性，对于近代建筑产生了深远的影响。在政治上，沈阳的主导势力是两股强势，外来势力在沈阳不是处于绝对霸权地位，以奉系军阀为代表的本土势力长期处于决定社会发展的地位，由于近代建筑发展基于半殖民地的大背景中，因此政治因素上升到决定建筑发展的主导因素也是客观必然的，所以盛京近代金融建筑的每一时期发展动向的转变都与政治力量的对比、斗争密切相关。本土文化一直同外来文化相抗争相融合，这使得在面对异质文明时沈阳的传统建筑文化没有故步自封，没有被取代，而是显示了它内在的生命力，多元复合地发展。这正是沈阳近代建筑少有文化意义上的纯粹性，而多具复合特性的根源所在。所以沈阳的近代金融建筑能从最初的碰撞融合，发展为创新。这种金融建筑中包含了创造性的劳动，其价值远远超过上海、武汉等地克隆式的近代金融建筑。盛京近代金融建筑的创新点可分为以下三类。

（1）建筑采用西方建筑的立面构件，渗入中国独特的细部装饰，即对西方传统建筑构件做中国式装饰处理，这些西方建筑所特有的构件经过中国工匠的再创作，糅入了大量的中国式的装饰细部，使其“中国化”。例如，在柱头和柱身上加入中国式的写实花卉（见图4－3），采用中国式的鼓座式柱础，在女儿墙上做中国式的吉祥图案等，还有的表现为采用西方的建筑立面构图的同时，在室内装修加入了中国传统文化中的象征吉祥和表现民俗风情的各类装饰图案。如志城银行营业厅内天花（见图4－4）四周雕刻着葡萄石榴图案，象征多子多孙，倒挂的蝙蝠象征“福”到来，并且楼梯扶手端部采用铜钱形底座，象征富贵。中国的装饰细部在西式的建筑中非但没有明显的格格不入，反而很和谐地与其共存，比起那些完全移植西方风格的建筑来说，更有味道。

**图4－3 边业银行与东三省官银号柱头中国花卉**

图4-4 志城银行中国吉祥图案“葡萄”与“铜钱”

（2）建筑主体仅将入口或临街立面等重要部位做成西方古典建筑构图形式，而其他三个立面均采用中国传统砌筑立面方法，清水砖墙不做罩面，建筑材料有的用红砖，有的用沈阳传统的建筑材料青砖。这就造成了极大的反差，主立面是华丽壮观的西洋风样式，而其他三个立面却是朴素含蓄的中国式，毫无线脚装饰，猛然间看去，建筑的主入口立面好像是贴在建筑上的脸面一样，通常称这种沈阳特有的建筑为“洋门脸”式银行建筑。如大同银行（见图4-5），是1927年由沈若毅设计，地上两层，地下一层，建筑仅将入口立面做成三段式仿洋式建筑，由基座，入口门廊及用女儿墙做出的檐口层构

图4-5 奉天大同银行“洋门脸”式立面

成。并且女儿墙高起，挡住了坡屋顶。又如边业银行（见图 4－6），建筑正立面为欧洲 18 世纪流行的罗马古典复兴的建筑样式，明显的三段式构图手法，在台阶上设有柱廊，给人坚固和豪华之感。建筑材料及建筑细部，都表现了强烈的西式风格，而建筑其他的三个立面，除腰线和檐口线外，毫无装饰，采用红砖砌筑，与正面立面的建筑风格形成鲜明对比。

**图 4－6　边业银行"洋门脸"式立面**

这种建筑不同于中国其他地方的近代银行建筑的正立面，侧立面都是一样的古典主义风格。这种"洋门脸"建筑所要表现的就是中西方文化在建筑中的共存，反映出东西方建筑文化相互交流的特征，更多地流露出对中国传统建筑的留恋与保留。在实例中，匠人们根据自己的理解和喜好，对西洋建筑的表达形式有选择地模仿，并与中国传统建筑形式进行融合，形成这种新的建筑形式，这说明人们对西洋建筑在文化层面上的随机性、经验性的学习过程，这些"洋门脸"银行建筑具有的坦率而自由的特性，比起移植来的正统西洋建筑更能深刻反映当时社会的复杂和矛盾的状况。这是自下而上，由民间的途径实现建筑近代化的潜流，并形成了中西建筑混合风格的独特表达形式而且反映了人们对西方建筑的直观性的、实用性的学习、吸取的方式。中国建筑师和工匠以独特的方式完成了一项外来新建筑体系“本土化”的尝试。

（3）建筑的立面样式、经营功能特点、建筑材料及施工技术等方面吸收了西式银行的先进之处，内部功能结构却采用了中国传统金融建筑的平面布局及室内装修，既有西式建筑着重刻画单体建筑的特点，又继承了中国传统建筑营造空间的特点，集两家之所长，实为中西文化融合的典范。如边业银行，在建筑立面采用洋风式样、平面功能结构也吸收了西式银行的优点并且内部功能流线的设计也注重满足银行业务复合多元的要求。但整个建筑布局却突破了西式银行以营业大厅作为建筑中心的平面组织流线，取而代之的是以中国传统建筑组合中的灵魂元素——庭院来组织各功能分区，反映了中国的建筑文化。把边业银行平面布局同中国传统的金融机构作一比较（见图4－7），就会发现它们的相似性，边业银行首层平面由院落划定了三个不同的功能分区，分别是对外营业区（交易大厅）—办公区（总裁室）—生活区

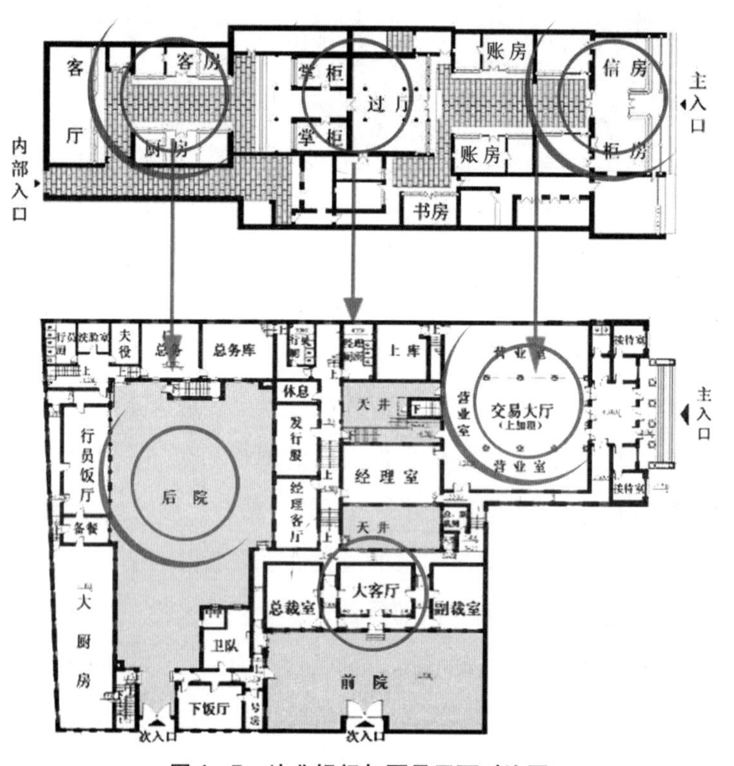


图4－7 边业银行与票号平面对比图

（厨房、餐厅），对照票号的平面图，可以发现同样是以院落区分联系各功能空间，由下至上为柜房（对外营业）—掌柜室（办公）—厨房（生活）。

边业银行建筑布局就是扩大化的前市后居的传统建筑形态，一条东西的轴线贯穿着整个建筑的平面，这条轴线既是经营的行为主线，也是建筑时空的观赏动线，建筑的空间表现力得到充分的展现。银行本是中国没有的建筑类型，在这样的外来建筑中，却包含了中国式的院落空间布局形式，反映了中国传统儒家思想，通过对建筑空间的大小、高低、主次、抑扬等方面的设计，将严密的礼制仪规演绎为严谨的空间序列。沿轴线布置的内向庭院，以强调出建筑空间的主旋律，反映了人们大胆接受外来文化的同时还不忘中国传统生活方式和审美心理，并以此为准则对外来文化因地制宜地加以吸收，这也证明了人们始终固守着属于中国传统文化的那一份真，突出了文化的交融性，也体现了人们将异质文化与传统文化结合发展的创造性。

### 4.1.2　日本近代金融建筑的折射与发展

从接受外来影响和传播途径来看，沈阳所受的外来影响是多渠道的而非单一的。除受到了开埠而来的西方各国直接影响以及中国留学生归国之后所带来的影响外，还有一条吸收外来文明的重要途径，即西方近代建筑技术及文化通过日本学者吸收、消化，转而传入沈阳。早在1907年日本在沈阳就设有“满铁”建筑课，这样有官方为后台的庞大设计组织，加之日本建筑师在东北及沈阳建立的民间建筑事务所等，就促使了沈阳的建筑界与日本本国的建筑界融为一体。此外，年轻一代建筑师的新思想在日本实现要受到种种阻挠，而当时的沈阳，从事建设的技术员大都是中青年，更易接受新思想，并且沈阳广阔且有待开发的土地也为建筑师提供了充分的舞台，比起日本本土来说，是一个更好的实践场所，这就促使了沈阳的近代建筑得以接受新思想，通过日本青年一代间接地向欧美学习。因此，20世纪30年代沈阳近代金融建筑发展在日本建筑师的影响下，已全面纳入世界建筑发展潮流，并且在设计原则、设计方法、建筑风格等多方面与日本同期建筑的水平密切相关，甚至可以说是超前，并且从沈阳近代金融建筑中可以清晰地折射出日本20世纪二三十年代建筑风格的转变。

第一阶段是日本全面掌握的西洋古典主义建筑风格。日本的第一代和第二代建筑师，绝大多数接受正宗的古典主义教育，他们的大多数作品以古典主义风格为主，讲究整体构图的逻辑和形式统一。日本财阀的银行虽在建筑表现形式上也是西洋古典复兴的样式，但由于是受了西洋式建筑教育的日本建筑师设计，其中融入了日本人的审美特质与形式上的创作，如满洲中央银行千代田支行，位于今和平区南京北街 312 号，1928 年竣工（见图 4 – 8）。建筑外轮廓随地形呈弧形转折，正入口设在弧形转角处，并且门前设有多级台阶，构图手法参照巴黎卢浮宫东立面手法，“三平五竖”，遵循古典主义建筑构图的基本原则。横向展开为五段，即中部主体、左右两翼、两端部，两翼与中央部分相比较，略为跌落。建筑在二层设有连续阳台增加了水平联系，中间部分阳台升高到三层并用四根爱奥尼克柱式撑起，更加强调出建筑主入口。纵向为三段式，一层有假山石作为台基段，结实稳健，中间层是由厚重的墙体与凹凸阴影变化的柱廊交替组成，形成了虚实对比，顶部是多重厚重檐口。整个建筑立面满是精雕细琢，反映了西式建筑重视刻画建筑单体，注重墙面设计的理念。

**图 4 – 8　满洲中央银行千代田支行**

又例如朝鲜银行奉天支店，位于今中山广场北侧，南京北街于中山路交汇处。是一座立面处理上更为成熟的古典复兴样式的建筑（见图4－9）。设计师是中村与资平（1880—1963年），1905年7月毕业于东京帝国大学建筑学，毕业后进入辰野葛西事务所，负责第一银行京城支店的设计与现场监工，由于长期在朝鲜半岛以及中国东北地区，以设计银行建筑、公共建筑为中心，素有“银行建筑专家”之称。由于其所受建筑教育是以西方古典建筑为模本，所以其作品均为正面有列柱或壁柱的西洋古典式，在沈阳的这栋建筑也不例外。整幢建筑对称、均衡，体现着古典设计原则，中央部位设有六根爱奥尼克巨柱式的凹门廊，女儿墙屋檐之上设有小山花，为突出主入口，把主入口上部女儿墙升高，并作三角形山花重檐形檐口，两边设颈瓶连接。墙面全部由白色面砖贴饰。在建筑转角处都作了曲线处理。建筑比例恰当，虚实结合，层次丰富，这种折中的古典复兴，是日本近代洋风建筑中特有的设计手法。

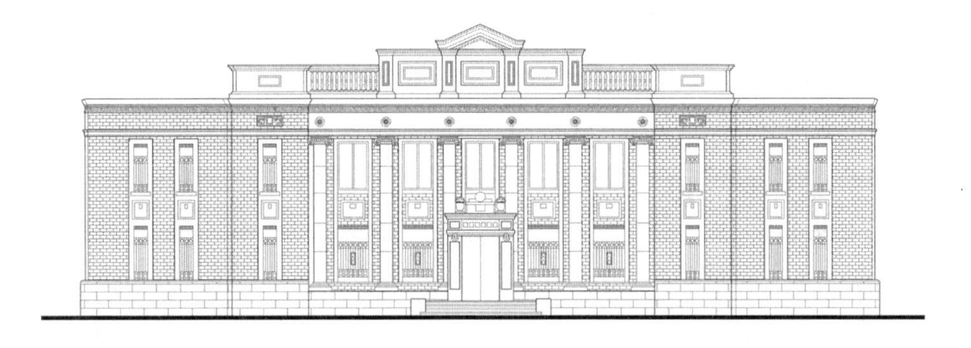

**图4－9　朝鲜银行奉天支店立面图**

第二阶段是分离派建筑风格。这一阶段沈阳近代金融建筑在建筑形式上由最初的古典样式演化为简练分离派的建筑风格，1895年，分离派的代表人物奥地利建筑师奥托·瓦格纳（Otto Wagner，1841—1918）发表了一本专著*Moderen Aechitektur*。在这本书中他提出新建筑要来自当代生活，表现当代生活，而不是模拟以往的方式和风格。设计是为人服务的，而不是为古典复兴产生的。主张功能第一、装饰第二的设计原则，并且摒弃毫无意义的自然主义曲线，采用简洁的几何形态，以少数曲线点缀装饰效果。20世纪20年代，由于西方新建筑思想长期不断地传入，终于东京帝国大学建筑学科毕业生在毕业前夕，创立了分离派建筑学会，与欧洲表现派呼应，作为维也纳分离派的东方支流。

“起来！我们同去建筑圈分离，为创造有真实意义的新建筑圈。起来！为让沉眠于旧建筑圈内的人们醒来，为拯救溺于其中的一切。起来！为实现我们的理想，甘愿献出一切，赴汤蹈火，在所不辞。我们一同向世界宣誓。”①这就是著名的分离派宣言，主张从历史主义脱离。20 世纪 20 年代，日本建筑师将分离派的设计手法带进沈阳，产生了较大影响。

最典型的实例为 1925 年竣工的横滨正金银行奉天支店（今工商银行中山广场分行），建筑除了壁柱和正面中央檐部的徽章外，可以说装饰很少，很像 20 世纪 20 年代后半叶至 30 年代的日本国内小规模的银行建筑。设计人是大连的宗像事务所的主持人宗像主一，它于 1918 年毕业于东京帝国大学建筑系。1917 年 3 月，他作为在大连开设的中村与资平建筑事务所的成员来到大连。中村回国后，由其继承原事务所，成立宗像建筑事务所。在当时“满铁”建筑界颇有影响力。宗像主一的建筑思想深受分离派影响，主张“设计是为人服务的，而不是为古典复兴产生的”②，从他的一篇名为《建筑随想》的文章中就可以看出，文中提到“外行人只知道局部误认为知道全体，内行人知道全部但总认为知道部分。如果被委托设计住宅，不去拜访主人，讨论设计，就很难清楚什么是要表达的，那些认为光靠纸和笔就能设计的人是脱离现实的。”在沈阳的这个银行设计中（见图 4－10），他采取了对建筑样式进行净化的建筑设计手法。其立面着重几何图案式的处理手法，如将柱式简化为几何性混凝土壁柱，柱头部位已不是柱式规范的内容的“涡卷”和“忍冬草”，而是几何图案抽象雕刻和简练的装饰特号，原屋檐山花部位改设宝珠式装饰，墙体及弧形壁柱上都贴饰黄褐色面砖，与混凝土质的依柱、柱头、花饰形成材料上及色彩上的对比，又可见其具有装饰艺术派风格。

---

① 吴耀东．日本现代建筑［M］．天津：天津科学技术出版社，1997：27.

② Otto Wagner. Modern Aechitektur.

**图4－10　横滨正金银行主立面**

第三阶段是“赖特风格”的建筑设计。所谓的“赖特风格”，并非特指赖特本人的设计风格，而是借指因赖特1919年设计日本东京帝国饭店后，受赖特的设计思想影响而在日本及中国形成的现代建筑风格。其特点是：强调造型的纵横对比，材料的粗细相映，入口、雨棚、檐口装饰一再简化，转角处常使用曲线或曲面。由于现代建筑刚起步，人们无法接受裸露的混凝土，因而以面砖饰面，并使面砖成为沈阳建筑市场上的新型材料。这一时期兴建的银行都具有这种风格，如位于中山广场的东洋拓殖银行（今沈阳商业银行中山广场分行）（见图4－11），平面是顺应地形，建筑体量沿放射性道路水平延伸很长。转角为曲面，墙面贴饰面砖，强调造型的纵横对比，细腻的面砖墙面与粗犷的混凝土柱式形成强烈对比。这一建筑风格致使新的建筑材料面砖广泛使用，为沈阳样式建筑增添了时代的新气息，也成为20世纪30年代金融建筑的显著特征。

除此之外，20世纪20年代至30年代初，沈阳近代银行建筑在技术上有巨大的进步，以欧美为代表的西式银行建筑在高度上有所突破，而日资银行建筑表现为建筑大规模的水平方向的伸展。这是因为日本地震繁多，因而近

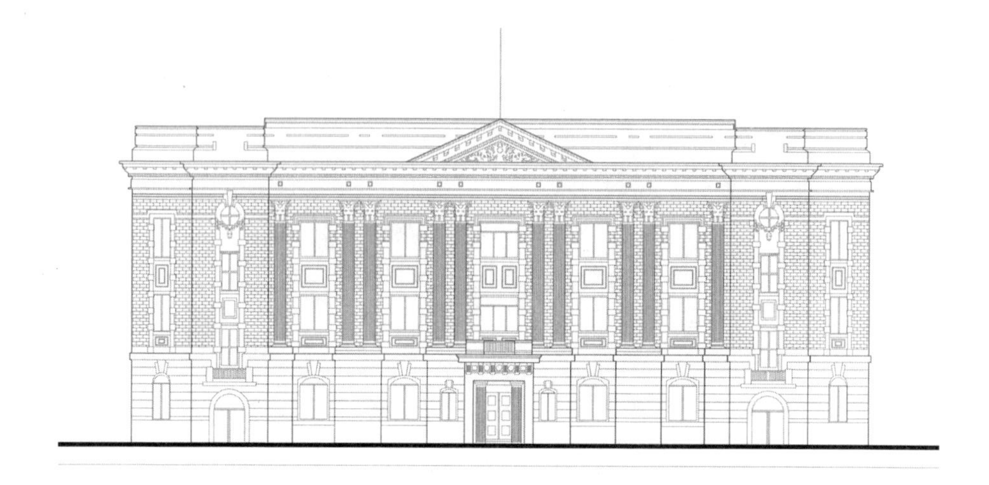

**图 4－11　东洋拓殖银行立面**

代起制定了严格的建筑高度的限制法规，规定建筑高度不得超过 30 米。这一规定直到 1964 年才取消。与此相关，在沈阳的“奉天大都邑规划”中，也对中山广场、中山路及附属地的建筑高度严格限制。这一法规的限制，也是造成沈阳 30 年代建筑在运用新技术、新材料的同时，向水平方向发展的重要原因。

在中国其他的近代城市如天津、上海、青岛等，是被几个帝国主义国家共同侵占的半殖民地式资本主义新城市，各外来势力长时期共存，没有哪一国势力呈现“排他独霸”的局面，所以在这些城市外来文化对建筑的影响表现为各国风格纷然杂列，没有哪一个城市会像沈阳一样在近代金融建筑中清晰地反映了日本建筑风格演变的完全体系，且风格与日本国内流行的样式和风格相一致，甚至更超前。即使同是日本影响的大连、长春，其金融建筑样式也只是长期局限于古典主义，并未呈现日本近代建筑发展演变的体系。如横滨正金银行在沈阳（见图 4－10）、大连（见图 4－12）、长春（见图 4－13）修建分行的时间是相近的时间，但在大连、长春两地的建筑样式仍然是早期的古典主义风格，然而当时日本国内已经盛行“分离派”风格，从中反映出两地与沈阳相比呈现建筑风格滞后性。

综上所述，盛京近代金融建筑既与全国的近代建筑共同发展，又由于其

图 4－12 大连横滨正金银行

图 4－13 长春横滨正金银行

独特的社会政治背景而具有鲜明的地域性特征，它是中国近代建筑中一个重要的组成部分。

## 4.2 盛京（沈阳）近代金融建筑的共性

银行建筑之所以在近代公共建筑中发展十分突出，主要是因为：“银行是现代经济生活的中心，是全部资本主义国民经济体系的神经中枢。帝国主义利用银行经营货币资本的特殊职能，通过银行操纵中国的金融财政。”① 这些银行建筑为显示资本的雄厚，竞相追求宏大的建筑体量，雄伟的外观，辉煌的内景，成为盛京（沈阳）近代建筑中引人注目的建筑群。

### 4.2.1 海纳百川 风格各异

同其他建筑类型相比，近代银行建筑虽然始终以古典复兴作为样式准则，但有也融入不同国家的建筑风格，这些来自不同国家的民族传统、风俗习惯、审美情趣等因素交织在一起，造就了反映不同国家的人文风情的沈阳近代金融建筑，形成了今天这种独特的城市建筑风貌。

法国的汇理银行是典型的法国特色（见图4－14），建筑风格庄重，采用对称形式，有仿古情调，建筑采用孟莎式屋顶，上铺设绿色鱼鳞状铁皮瓦，屋面坡度有变化，屋顶上部比较平缓而面积较少；屋顶下部比较陡峭，面积都较大，并且屋顶设有圆形老虎窗。在外墙面材质处理上效仿文艺复兴的手法，底层为仿天然石块作贴面材料，材质粗犷，上下之间勾宽缝，左右之间勾细缝。主墙体采用红砖，砖质细腻，缝隙很小。出挑的阳台、颈瓶栏杆、牛腿构建以及窗

**图4－14 法国汇理银行**

① 《列宁全集》，25卷，320页。

周围的斩假石装饰都体现了这座法国建筑的精美之处。

美国花旗银行是于20世纪20年代初建成的外商银行（见图4－15），坐落于十一纬路上，其平面近方形。银行正面外观是典型的希腊古典复兴样式，在样式建筑中可谓经典作品之一。建筑与希腊神庙构图很相似，正面是6根标准爱奥尼克柱式构成的柱廊，柱子之上为檐壁分额枋、三陇板、嵌板，只不过没有了神庙三角形山花。底层层高6米，设通高圆拱窗并设有拱券装饰，二层设方窗，上下窗之间有横向花纹线脚，增加横向联系。整栋建筑色彩明快、材料统一纯净，给人以典雅优美之感。

**图4－15　美国花旗银行奉天支行**

英国汇丰银行（见图4－16），建筑总高约为22.8米，立面为折中主义样式，讲究比例权衡的推敲，建筑分别在一层、四层设置线脚既增强了横向联系，又突出立面的三段式，转角入口立面在中段设有通达二、三层的两根标准爱奥尼克柱式。为增强建筑气势和丰富立面造型，将外柱廊两侧向外突出，建筑坐落在高大的台基上，增加了建筑的雄伟之感。这时期的英国建筑虽仍以晚期西洋古典文艺复兴式样为标准，但也显露出净化趋势，这座建筑的门窗洞孔的线脚简洁，大楼基座用花岗岩砌筑，整个外墙面仿西洋古典砖石结构作水刷石长方形断块，以砂浆饰面，给人纯净之感。

除此之外，还有日本的银行、本土银行，来自不同国家的各种风格的银

图 4－16　英国汇丰银行奉天支行

行，共存于城市中，像盛开的花朵，争奇斗艳，反映了沈阳建筑文化的可容性。

### 4.2.2　建筑内外　华贵尽现

银行是专门经营货币的金融机构，与其他建筑类型相比，不仅建筑外观要宏伟、庄重，就连建筑内部也要奢华、辉煌，营业大厅是银行展示的对外窗口，也是修饰的重点。如东洋拓殖银行的内部藻井（见图 4－17），运用石膏雕刻精美花纹团图案，铺满整个天花，厅内柱式为华丽复杂的科林斯柱式，并设多处壁柱，就连柱头与楼板相交处也用浮雕装饰，尽显华贵本色。也有的厅内设置彩色玻璃如志城银行营业大厅内设置彩色玻璃天窗（见图 4－18），使大厅宽敞明亮，厅内多线脚浮雕，并

图 4－17　东洋拓殖银行交易大厅

且用的是中国传统图案。除营业大厅的豪华装修外，在建筑内部设计也非常精致，如建筑中在走廊设置拱门分区，办公室内也有线脚，并且墙面装饰很有特色如边业银行经理办公室内墙壁用金箔花纹贴面、志城银行内部用石膏粉饰面时不是均刷，而是甩花。银行室内的地面也很有讲究，公共活动区为马赛克拼花地面，普通办公区为地板，高级人员办公为松木席纹地板。在沈阳的近代建筑中，银行建筑就这样由内到外、由上到下都做了全面设计，尽显华贵本色。

图4－18　志城银行营业厅天花一角

### 4.2.3　先进技术　兼收并蓄

近代银行建筑是帝国主义侵略沈阳的急先锋，由于银行经济势力雄厚，其在众多建筑类型中是较早运用西方先进建筑科学技术的，同时也促进了中国与西方建筑技术的相互交流。新材料、新结构、新施工方式的引进，促进了近代沈阳建筑业的发展进步，为城市近代建筑的发展奠定了基础。

其一，内部结构先行性。中国古代建筑在封建社会后期虽已形成一套独特完整成熟的传统建筑体系，但由于在对外关系上封建统治阶级实行的闭关自守政策，使中国建筑一直处于与西方建筑完全隔绝的状态，使传统建筑在类型与技术上严重停滞与落后。西式银行作为先进的金融机构进入沈阳，带来不同于中国的建筑样式与先进技术，但是外国银行在沈阳的40年间，建筑样式的发展是缓慢的，始终未脱离古典主义样式，与其相比，银行建筑的结构却一日千里，发生了巨大变化。初期西式银行采用的是砖（石）木混合结构建筑技术，这种结构的主要特征是砖墙承重，楼层与屋顶结构皆为木质。如法国汇理银行奉天支行采用的就是砖混结构，红砖墙承重，楼层结构为密肋木梁上铺木楼板（见图4－19），密肋间距约为30厘米，两端伸入外墙，且用近似三角形的铁制斜撑加强木梁端头与墙体的联系。木梁断面呈矩形，高约15厘米，宽约6厘米。木梁上口先铺正交方向松木，厚约25厘米、宽约20厘米。后期采用的是砖墙钢筋混凝土混合结构，这种结构的特点是砖墙承重，用钢筋混凝土梁代替砖木结构中的木质大梁，并且楼梯、过梁、圈梁、基础都用钢筋混凝土制成，这种结构有利于加大楼面荷载及跨度，增加建筑高度。如汇丰银行奉天支行（见图4－20），采用的就是钢筋混凝土混合结构，建筑地下一层地上五层，是沈阳当时最大型的建筑，建筑采用转墙、钢筋混凝土梁，楼面以木密肋梁上铺楼板。此外，砖石柱廊、砖石拱等传统中国建筑中不常见的结构也得到很大发展，半圆券、弧券、平券等各类拱券在门窗洞等处被大量使用。先进的结构突破了中国传统的结构的局限，引领沈阳近代建筑结构的发展。

**图4－19 法国汇理银行奉天支行楼板结构**

**图 4－20　英国汇丰银行奉天支行棚顶结构**

综上所述，沈阳近代银行建筑样式在 40 年间始终以沿袭古典复兴或文艺复兴式样，而且这种式样已演化成为当时银行建筑的标准模式。但在结构方面却推陈出新，不断发展进步，这就造成了银行建筑内部结构为钢筋混凝土这样的先进结构，而形式上的变革却滞后一段，里里外外被一层复古主义的外衣包裹得严严实实。旧的建筑形式与新的建筑结构结合在一起，使沈阳近代银行建筑在 20 世纪 20 年代具有明显的内部结构先行性。

其二，先进的建筑设备。近代建筑中卫生器具、采暖设备及管材的引用突破了沈阳以桶盛水、以炉火取暖的传统生活习惯，在建筑中则反映为管材的应用，建筑中上水管与下水管的布置，暖气的安装，都证明了与之相适应的建筑结构的先进，同时也刺激了沈阳建筑近代化。

**图 4－21　汇丰银行电梯**

电梯也是银行建筑率先引入到建筑中（见图 4－21），20 世纪 20 年代初，电梯就在汇丰银行中出现，随后东三省官银号于1929年也设计了电梯，木制轿厢，手动栅栏门。此后在沈阳近代建筑中电梯便得到了越来越广泛的应用。

其三，建筑工匠促使技术进步。建筑工匠掌握外来先进技术的速度，以及创造性地融合中外建筑文化与技术的成就，决定了他们在近代建筑史中的特殊地位（见图4-22）。在银行建筑发展的同时，建筑工匠们作为建筑活动各参与方的“核心体”，首当其冲地进入与西方建筑技术体系碰撞、交流的状态中。其原因有二：一是初来沈阳的外国人必须雇用中国的建筑工人才能把银行建造起来。二是初期的银行建筑不可能远渡重洋将本国材料运来使用，必须采用沈阳现有材料，故只有雇用对当地材料驾轻就熟的工匠才能完成建筑活动，这就为沈阳近代建筑工匠接触外来技术创造了条件。尽管使用沈阳当地建材，但工匠们接触砖墙承重、覆以木屋架的西式建筑技术，必然经历从陌生到逐步熟悉的过程。第一阶段，工匠们要“揽生活”硬着头皮了解西式建筑技术手段，但自己熟悉的传统建筑技术又不可能弃置不用，于是外国人绘制的图纸常常因适应就地取材和部分采用中国传统建筑技术而由中国匠

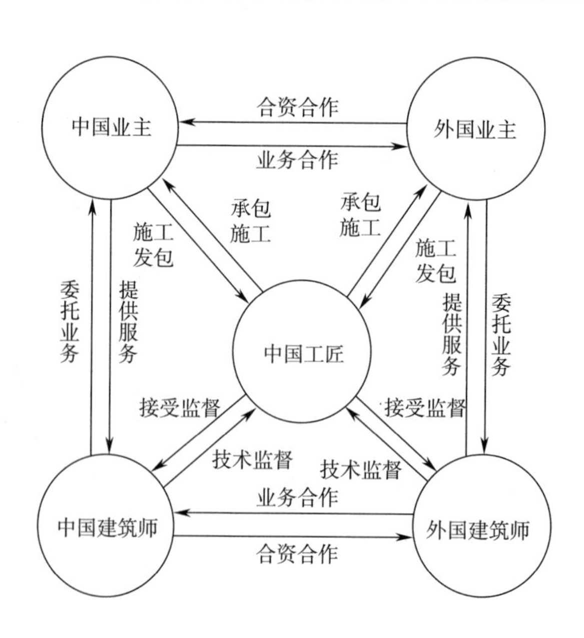


**图4-22 近代建筑活动各方关系图**

人修改，又因为匠人与外国人之间交流困难，这就导致早期一批西式建筑略显粗糙。第二阶段，随着工匠们接触西式建筑施工活动的增多，以及教训与经验的积累，西式建筑技术手段对工匠形成的冲击力逐渐转化为一种推动力，迫使他们自觉学习，这样他们逐渐掌握了近代建筑所需要的建筑施工、建筑装修的新技术、新知识，成为沈阳近代建筑业发展的主力军，为日后盛京近代金融建筑创作中的中西合璧奠定了基础。

其四，建筑材料是建筑发展的主要物质基础。现代建筑材料水泥以及由此而出现的混凝土乃至钢筋混凝土出现在沈阳是在20世纪20年代以后。银行由于经济实力雄厚，是较早采用钢筋混凝土框架结构的近代建筑，铁、钢材、水泥、机制砖瓦、玻璃、陶瓷、建筑五金、木材加工及钢筋混凝土复合材料在建筑中的应用，这些新材料突破了中国传统的土、木、砖、石结构用材的局限性，成为沈阳近代建筑发展的重要前提条件。

## 4.3　本章小结

本章通过两个方面的比较，客观地总结了沈阳近代金融建筑的特色。

第一个比较是，在全国范围内与其他近代城市的金融建筑的横向比较，凸显了沈阳近代金融建筑地域性特色。究其根源是在于沈阳近代历史背景的特殊性，一方面，它是封建王朝的陪都盛京，进入近代以前，就形成了具有鲜明的地域特色的建筑文化，具有深厚的传统建筑文化根基。尤其是对各种文化的兼容并蓄的特性，对于近代建筑产生了深远的影响。另一方面，由于近代建筑发展基于半殖民地的大背景中，因此政治因素上升到决定建筑发展的主导因素也是客观必然的，这就导致了沈阳近代金融建筑的每一时期发展动向的转变，都与政治力量的对比、斗争密切相关。外来势力在沈阳并不是独权状态，沈阳存在与外来势力抗争的本土势力——奉系军阀，本土文化一直同外来文化相抗争相融合，传统建筑与外来建筑并存、兼容及相互渗透与融合的发展脉络自始至终地贯彻于沈阳近代金融建筑的发展中。这使得在面对异质文明时沈阳的传统建筑文化没有故步自封，没有被取代，而是显示了它内在的生命力，走出了创新的一步。

第二个比较是，在盛京（沈阳）范围内与其他类型的近代建筑相比较，而得出金融建筑的特色。金融建筑最不同于其他建筑类型的特点在于，它的功能——经营货币资本，外来势力入侵沈阳，作为它们经济侵略的急先锋的银行，也就很早地进入沈阳，并对中国传统的金融机构造成冲击。并且由于其经济实力雄厚，所以长时期引领了盛京近代建筑技术的革新发展。其建筑发展变化的过程，也反映了盛京近代建筑技术发展的过程，并且在营建中为中国工匠学习外来建筑技术提供了条件，为日后的中西合璧打下了基础。

# 第 5 章　结语：历史对于我们今天的意义

当历史的时钟拨到 1949 年，在政治上它标志一个旧时代的结束，但对建筑而言，并不可能一夜之间自行跨入“现代”的门槛。正因为今天的历史乃是昨天的现实之延续与发展，所以 1949 年以后发生的所有事件都可在这渐渐远去的一个半世纪中找到最初的基因和起点，它的影响久久不会消散，它为今天留下丰厚的遗产。

21 世纪的中国主动地导入西方现代文明，汲取西方优秀文化，在理论界，建筑观点纷呈、思潮纷涌；在实践中也是百花齐放，风格多样，迎来了这一客观上与近代历史相似的东西方文化相互影响与融合的时代，如何对待异质文化，如何使中国近代建筑转型为具有中国特色的现代建筑成为首要问题。以人类学视角研究盛京金融建筑的发展是对 1949 年以前的一个世纪中金融建筑富有戏剧性的发展进程有着深远的意义，首先，金融建筑蕴含着人类学的丰富内容也有其规律，追溯其发展历程对今日乃至今后的建筑设计必有价值，特别是在追求“现代化”的过程中，有利于我们更好地把握今天的行为；其次，金融建筑又无定式，随着社会的进步，其建筑形态必呈与时俱进式的演化，只有将演化过程厘清，才能够正确面对自身的传统、西方的变化以及处理它们之间的矛盾；最后，通过研究盛京满族古城金融建筑发展演变的规律可给今天中国建筑转型以启示，以史为鉴，这就是历史对于今天的意义。

## 5.1 盛京（沈阳）满族古城金融建筑人类学发展的历史规律

通过前文对各阶段盛京（沈阳）金融建筑在社会生活、民俗习惯、政治抗衡等人类学因素影响下，表现出来的建筑特征的回溯与分析，可以概括出这样一条历史脉络：在中国近代历史发展的大背景之下，盛京（沈阳）的金融建筑发展是建立在大量引入、学习西方建筑科技的基础上，是一个从引入、学习到创新的过程，并且它的发展并不是单一地从建筑样式、建筑功能等方面逐级推动，而是与近代的社会背景、建筑技术这两方面互动发展的。具体来说，金融建筑发展经历了三个阶段（见图 5－1）：

第一阶段可称为文明冲突期，时间范围在 1858—1905 年，是西方文明传入华夏大地的初期。此阶段，中国社会对于外来文化，上到清廷下到百姓都是持着消极避让、排斥的态度。这是因为中国在古代历史长期发展过程中一直处于东亚文明的中心地位，逐渐形成了“自我中心论”的认知传统，视周边民族为夷狄，虽然经历了鸦片战争这种“数千年未有之变局”，中国朝野人士还未从华夷之辨的天朝意象中解脱出来，只是一味强调“中、西”与“道、器”问题，强调“祖宗之法”不可变；此外又由于西方文明是随战争而突然闯入中国的，社会大众仇视、排斥洋人也是可以理解的。在这种社会心态支配下，此时的中国传统金融建筑只能与西式金融建筑呈相互对峙的局面，当那些完全不同于中国传统金融建筑的西式银行出现的时候，沈阳人大多是新奇和诧异，除此之外，更多的是鄙视，认为是“夷人”所为。在老城区，传统的金融建筑仍以传统的建筑技术建造，作为传播新思想新技术的主角——建筑师与匠人们丝毫没有对西式银行的先进之处作认真的研究和摄取。同样地，西式金融建筑也未与沈阳本地文化、建筑技术相适应，只是按照本民族的建筑技术、社会文化来设计。

第二阶段可称为异邦文明摄取期，时间范围在 1905—1912 年，是人们努力学习、引进西方文化的时期。此阶段，由于沈阳开埠，各国的银行建筑得

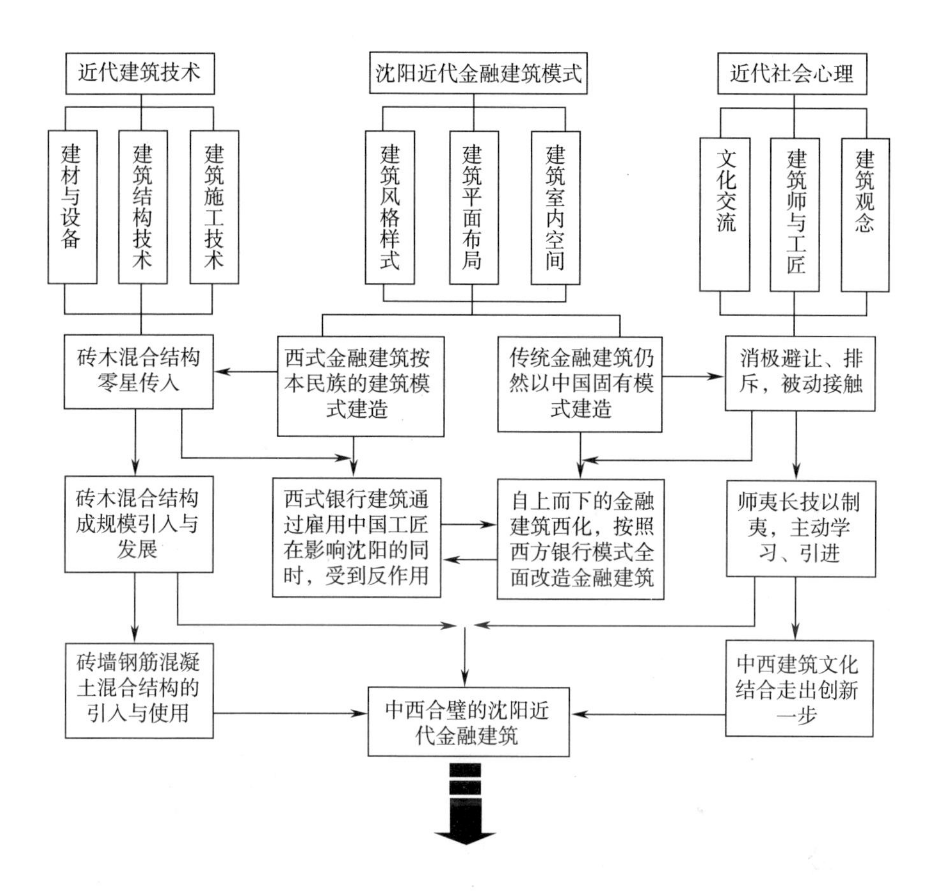


**图 5-1　盛京沈阳近代金融建筑历史发展脉络**

以大量建造，以更为先进的营业模式、技术手段冲击着传统古老的金融业。此时的社会公众对以西方建筑技术、管理制度为代表的外来文化由抵触转向认可，在师夷长技以制夷的呼声中，中国人走向了向西方寻求振兴中华之道的艰难历程，清政府也开始创办银行、实行新政，由此沈阳产生由官方引导的金融建筑近代化。在这种社会心理的支配下，本土银行建筑开始与近代金融活动接轨，向西式银行认真学习，不单是建筑样式、建筑功能，还对西方建筑的结构体系加以吸取，引进了以砖墙承重，配以木屋架的构造体系，客观上突破了中国固有木构架建筑观念。此阶段值得注意的一点是，西式银行建筑文化在盛京（沈阳）并不是单向植入的，而是在通过雇用中国工匠参与建造活动中，逐渐熟识了沈阳本地的建造技术与材料，使西式的银行建筑也受到了本地建筑文化的反作用。随着西式建筑施工建设活动的增多，西式建筑技术手段对中国建筑师及工匠形成的冲击力也逐渐转化为一种推动力，迫使他们自觉学习，这样他们逐渐掌握了近代建筑所需要的新技术、新知识，成为沈阳近代建筑业发展的主力军，为日后盛京近代金融建筑创作中的中西合璧奠定了基础。

第三阶段可称为中西文明交融创新期，时间范围在1912—1931年，是人们经过长时期学习西方建筑文化后，对于盛京传统建筑文化的思考。人们在兴建西式建筑的同时为什么又要再一次考虑传统建筑文化呢？这是因为，首先在文化上，沈阳是近代化的封建王城，是以中国传统建筑文化为中心的天眷盛京，具有深厚的中国传统建筑文化及建筑技术根基，在进入近代以前，就已形成根深蒂固的传统思想观念。其次在政治上，盛京沈阳近代的主导势力不是外来势力，而是以奉系军阀为代表的本土势力长时期处于决定社会发展的地位，由于近代建筑发展基于半殖民地的大背景中，因此政治因素上升到决定建筑发展的主导因素也是客观必然的，这就促使了本土文化一直同外来文化并存，并且在面对异质文明时沈阳的传统建筑文化没有故步自封，没有被取代，而是显示了它内在的生命力，多元复合创新地发展。这两方面因素促使中国建筑师与匠人们在学习西方先进技术的同时，不忘传统建筑文化，并尝试将这两种文明融合在一起，创造出了具有中国建筑传统的金融建筑，这其中包含了创造性劳动，它的价值远远超过单靠模仿建造的近代金融建筑。

综上所述，在盛京（沈阳）近代金融建筑发展变革过程中，并不是单一的建筑形式的转变，而是始终伴随着社会的背景、人们的观念、建筑技术等多方面的发展变化，其发展规律是由建筑技术、建筑模式、社会心理的逐层推进与互动而形成的，并且也是由于社会、技术的影响，才使其近代金融建筑能够把中国传统的文化、建筑技术、审美情趣同外来的建筑形式相结合，创造出地域特色鲜明的近代金融建筑。

## 5.2 盛京（沈阳）金融建筑发展的历史规律对今天的启示

如果说历史是一面镜子，那么近代建筑这面镜子离我们最近，它所反映的景象最清晰，其中包含的经验对我们今天的社会生活有着更为现实的意义。今天的中国正处于建设的大潮，各国的建筑文化争相涌入华夏大地，中国迎来了这一客观上与近代历史相似的东西方文化相互影响与融合的时代。如何使中国现代建筑以中国独有的特色在世界建筑之林占有一席之地是我们面临的问题？盛京（沈阳）近代金融建筑发展的历史规律告诉我们：一种落后的建筑形式在向高级阶段发展时，它所发生的变化并不是建筑形式单方面的作用，而是多种因素共同作用的结果，并且在向外来文明学习的每一阶段，都有对自身文化与技术的思考，并且最终能够发挥传统建筑文化、建筑技术的能动性，将二者有机结合。在沈阳近代金融建筑发展中应该看到西方建筑文化在进入中国过程中被吸收、被改造的本土化现实，建筑的发展过程是中国建筑文化吸纳外来文化的重要程序，只有认清这个发展过程，才可能正确确立当今中国积极引入外来文明，为我所用，丰富和发展具有中国特色的现代建筑，使之不断成长并融入世界之林的建筑观与宽阔胸怀。

综上所述，建筑的发展总是揭示着社会变革与人类文明的进步。盛京金融建筑的发展演变与社会背景、科学技术、人文心理等多方面密切相关，并且在它的发展过程中自始至终地贯彻着传统建筑文化与外来建筑文化的兼容渗透。在这个过程中，我们已经清楚地意识到具有中国特色的建筑发展的长期性和复杂性，并且意识到建筑技术的应用、建筑文化的探寻以及建筑本身发展三者的相互促进发展的关系，学习外来先进技术无法代替立足本国文化去寻找适合的发展方向与模式。所以今天，我们应该以史为鉴，正确面对自身的传统、西方的变化以及处理它们之间的矛盾，更好地把握今天的行为。

# 附　　录

## 附录 A　东三省官银号（今中国工商银行沈河支行）

（注：所有图纸皆为笔者绘制）

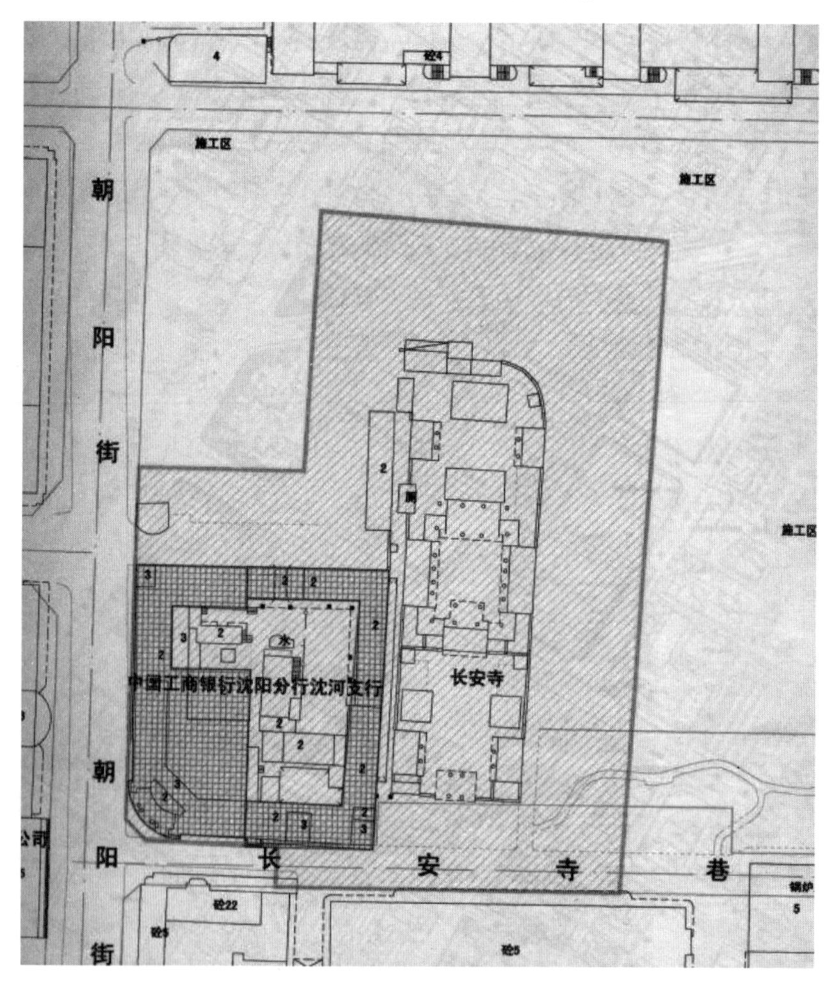


图 A1——东三省官银号区位图

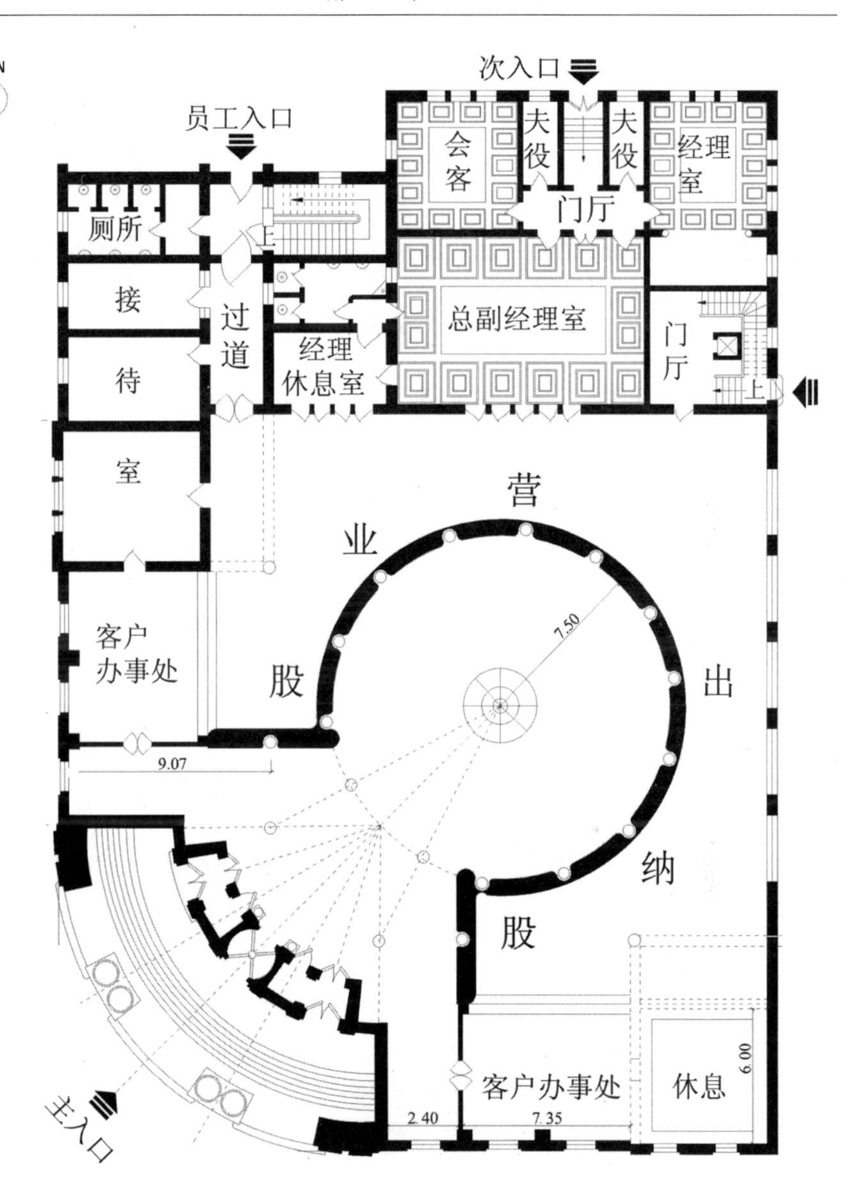


注：图中标注单位为清末民初使用的建筑单位。

**图 A2——东三省官银号平面图（1928 年增建前）**

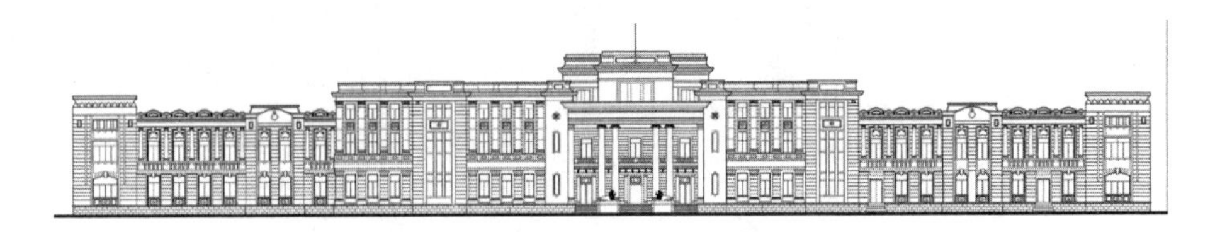

图 A3——东三省官银号立面展开图

# 附录 B 边业银行（今沈阳金融博物馆）

（注：所有图纸皆为笔者实地测绘）

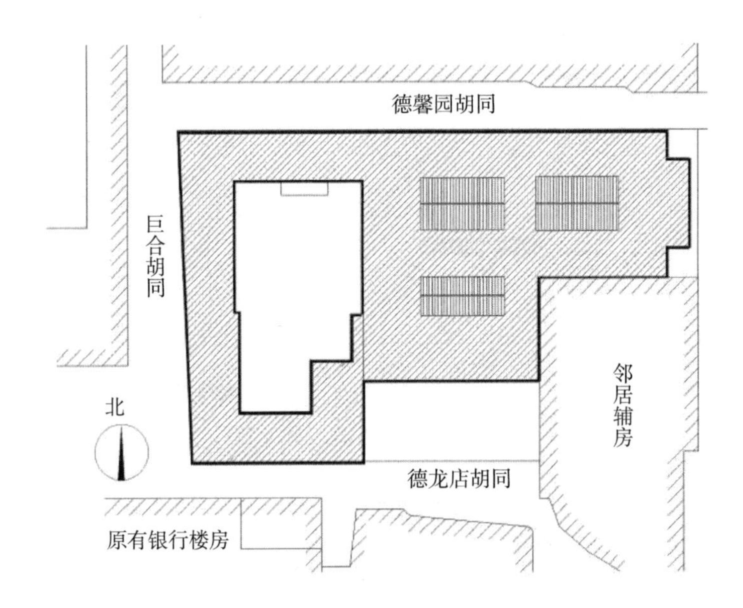


图 B1——边业银行总平面图

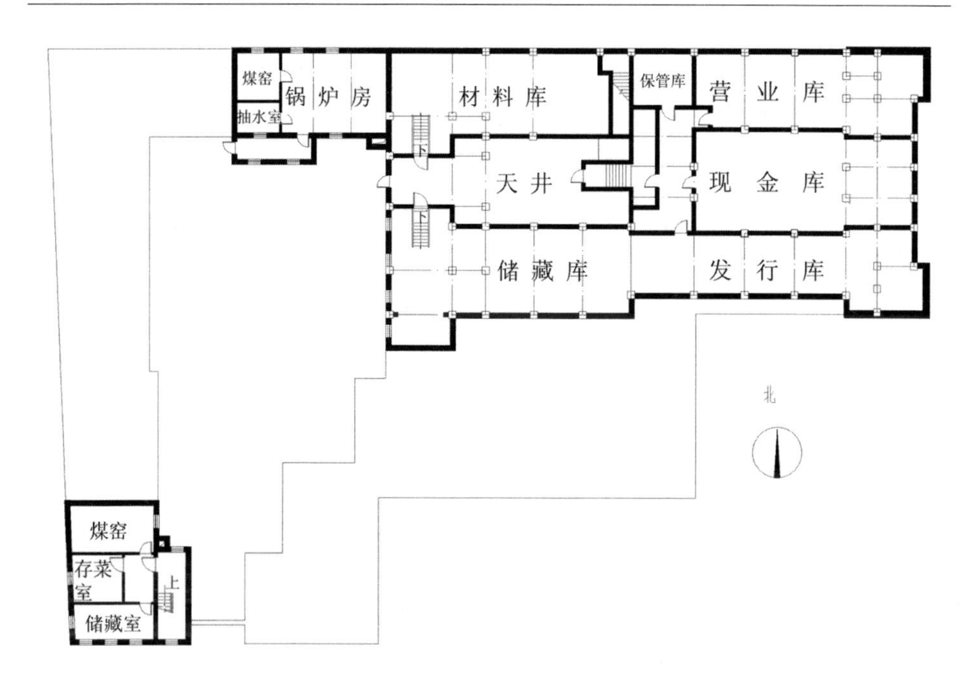


图 B2——边业银行地下一层平面图

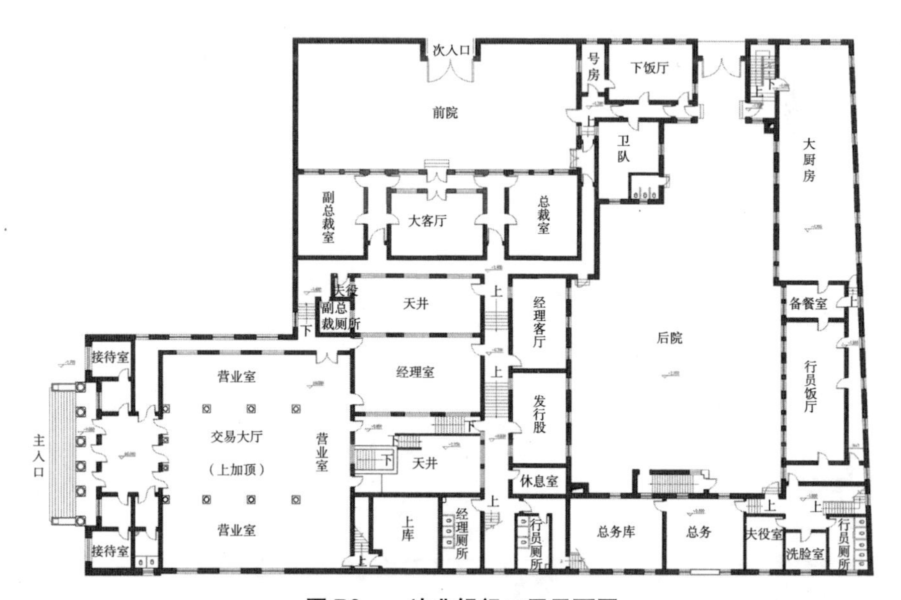


图 B3——边业银行二层平面图

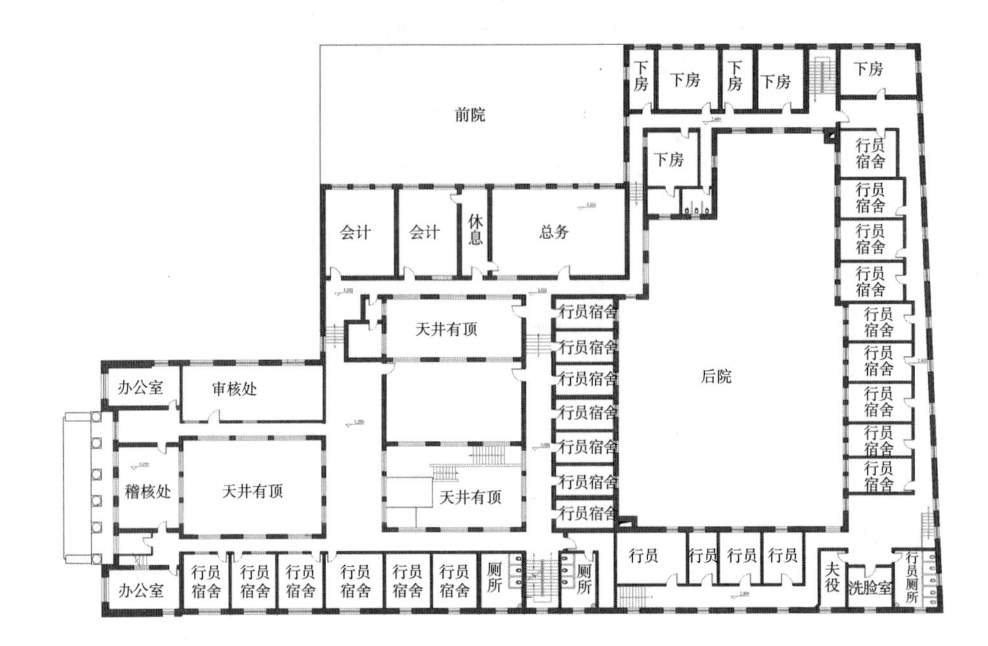


图 B4——边业银行二层平面图

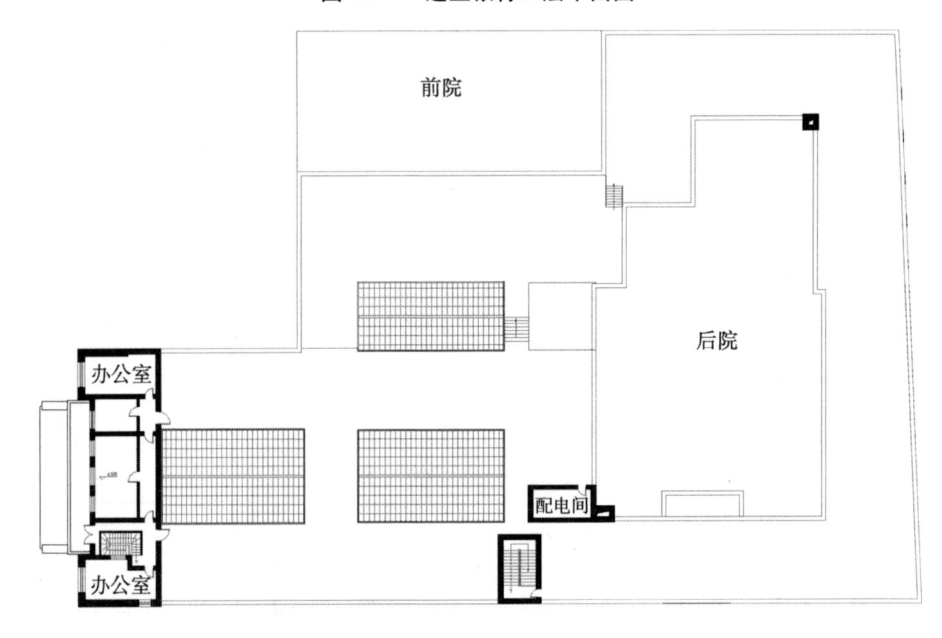


图 B5——边业银行二层平面图

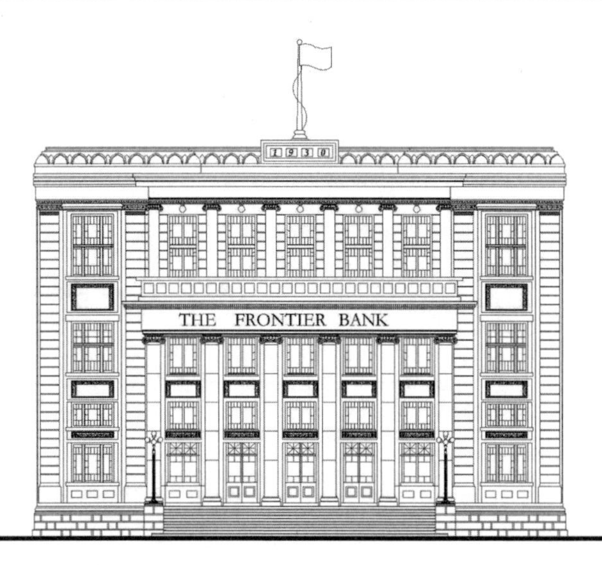


图 B6——边业银行东立面图

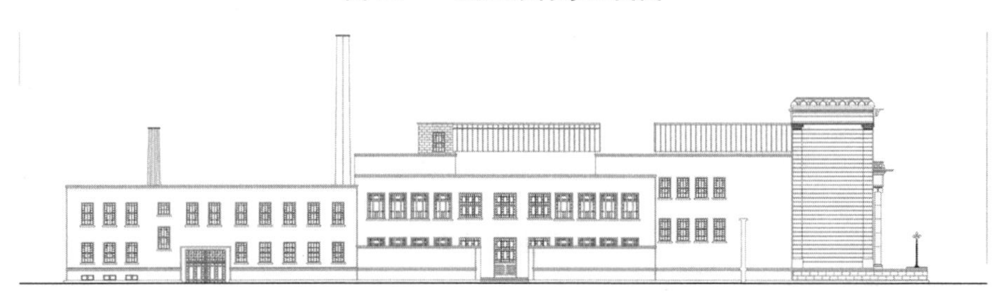

图 B7——边业银行南立面图

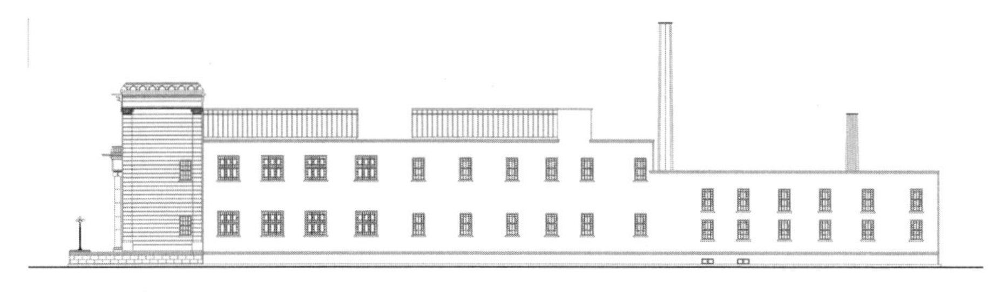

图 B8——边业银行北立面图

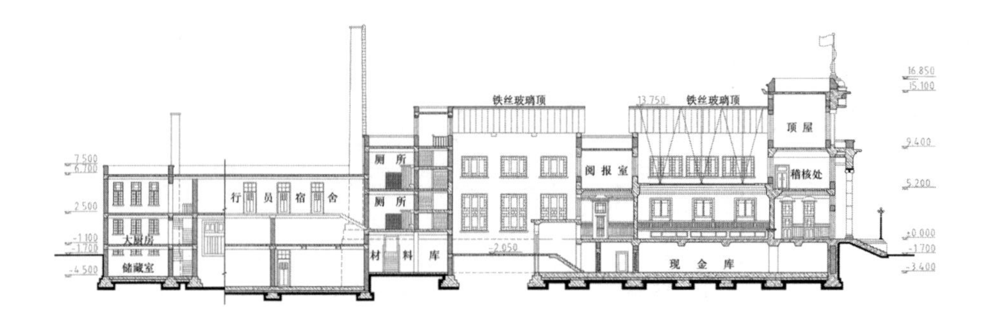


图 B9——边业银行 1—1 剖面图

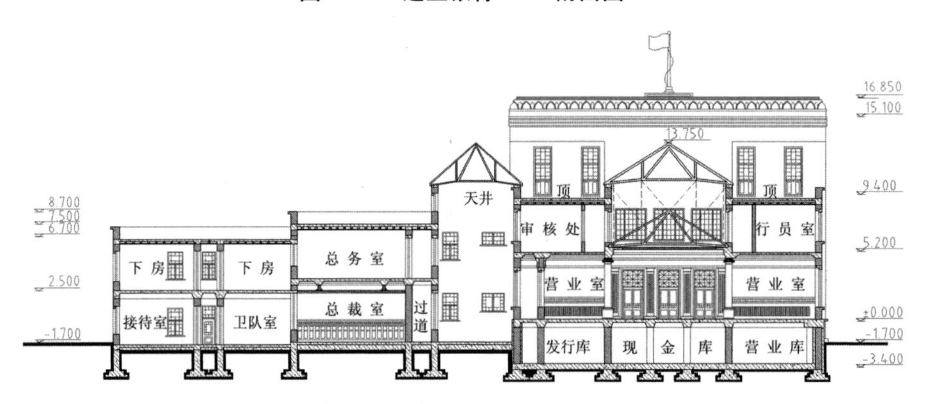


图 B10——边业银行 2—2 剖面图

# 附录 C　朝鲜银行奉天支店（今华夏银行沈阳分行）

（注：所有图纸皆为笔者绘制）

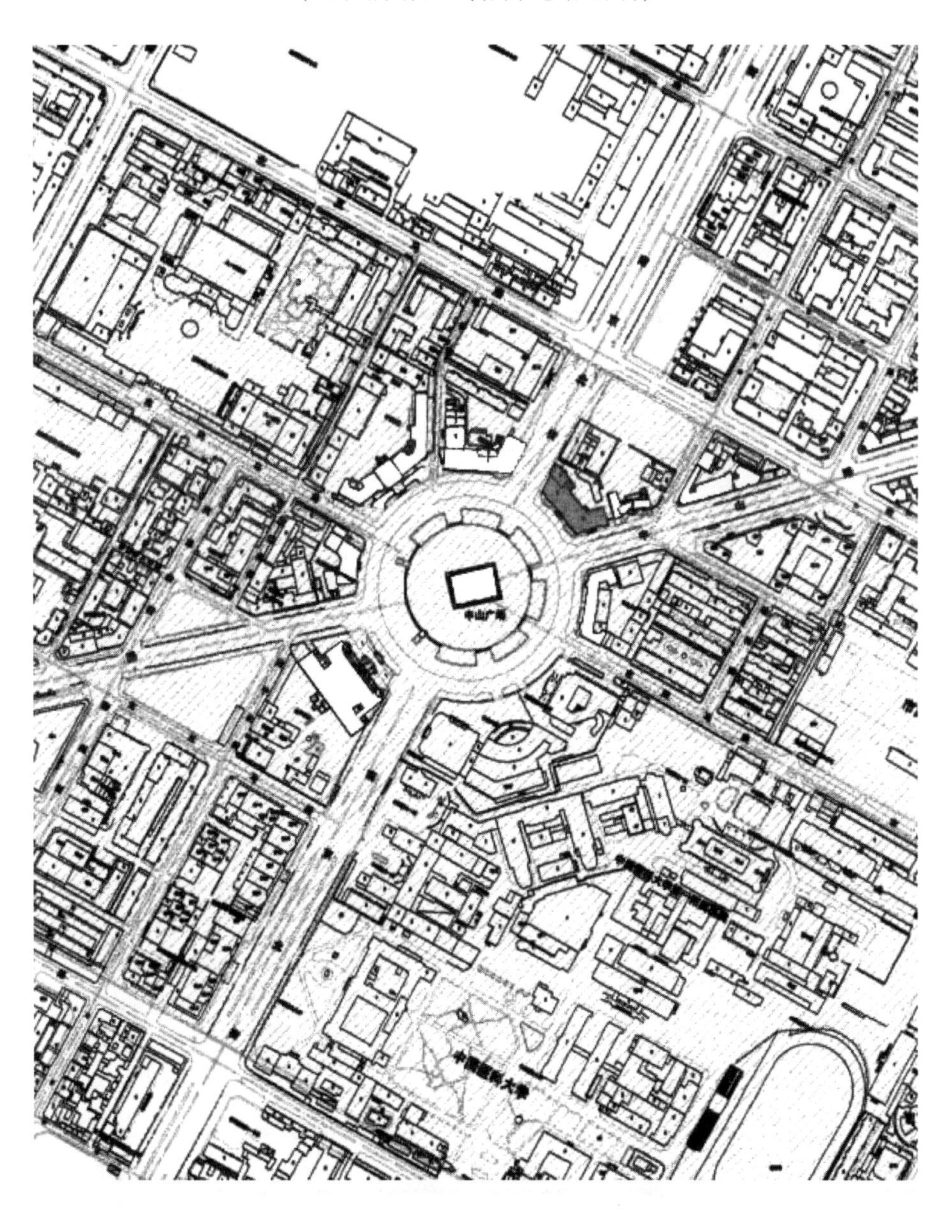

图 C1——朝鲜银行奉天支店区位图

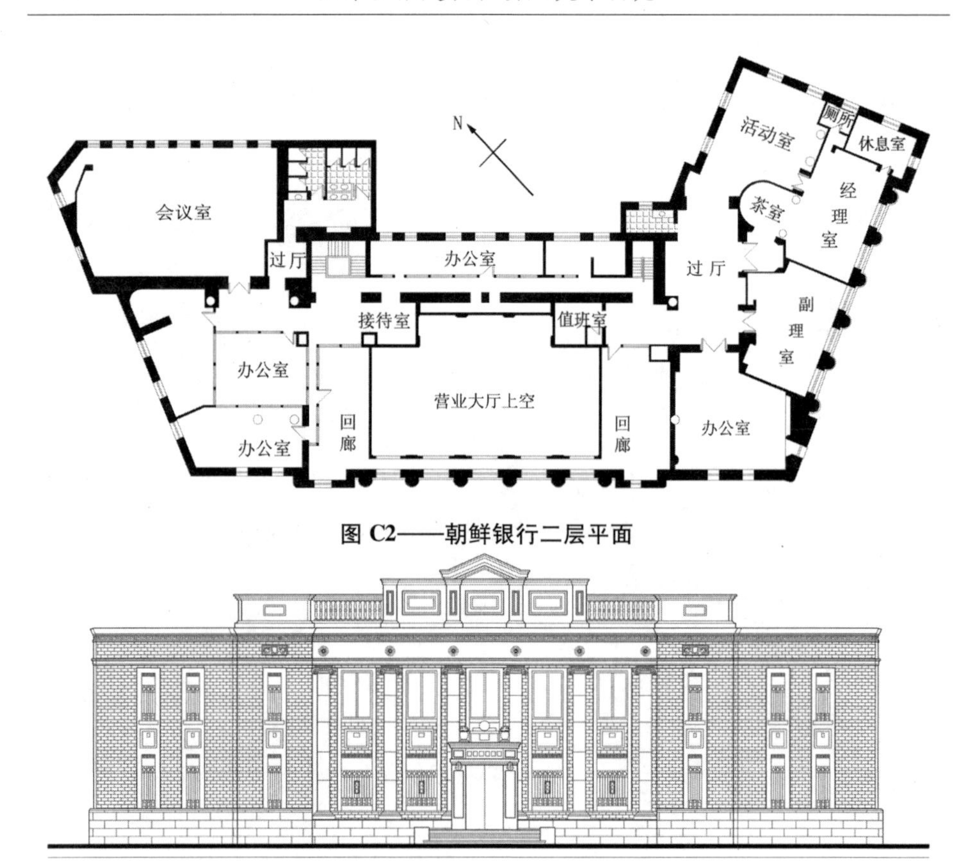


图 C2——朝鲜银行二层平面

图 C3——朝鲜银行奉天支店主入口立面

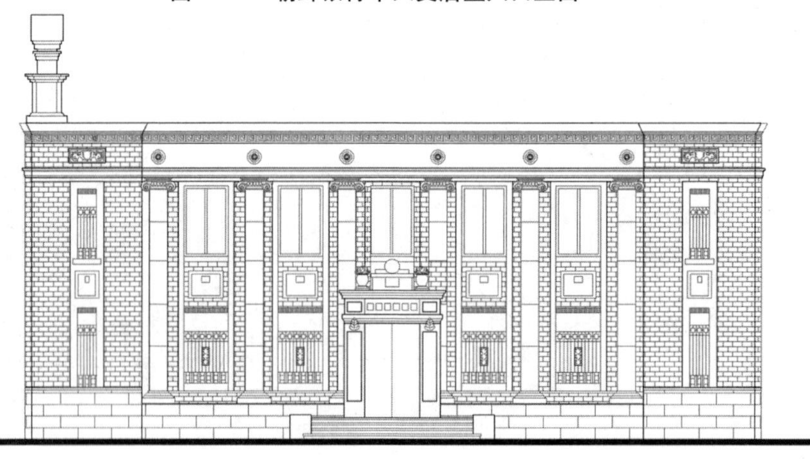

图 C4——朝鲜银行奉天支店侧立面

# 附录 D　汇丰银行奉天支店（今交通银行沈阳分行）

（注：所有图纸皆为笔者绘制）

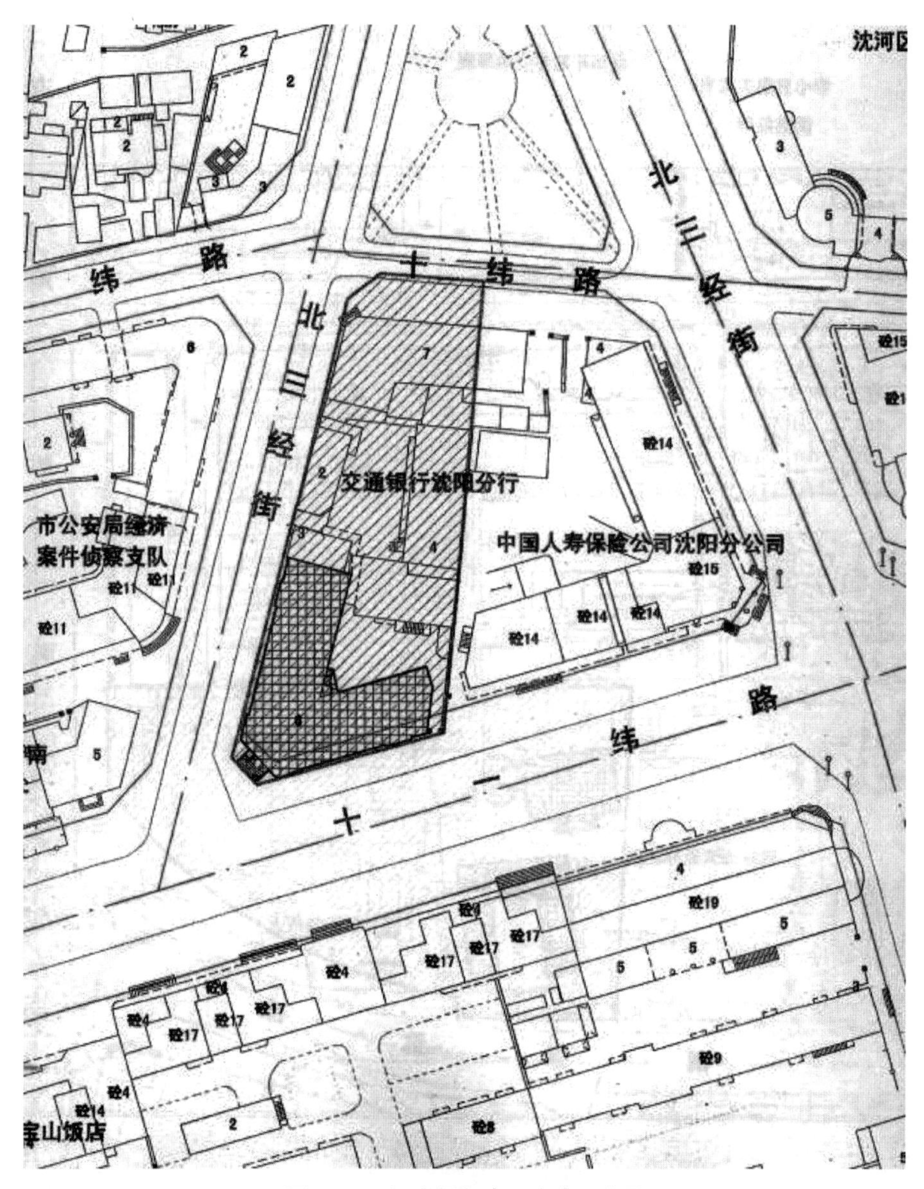


图 D1——汇丰银行奉天支店区位图

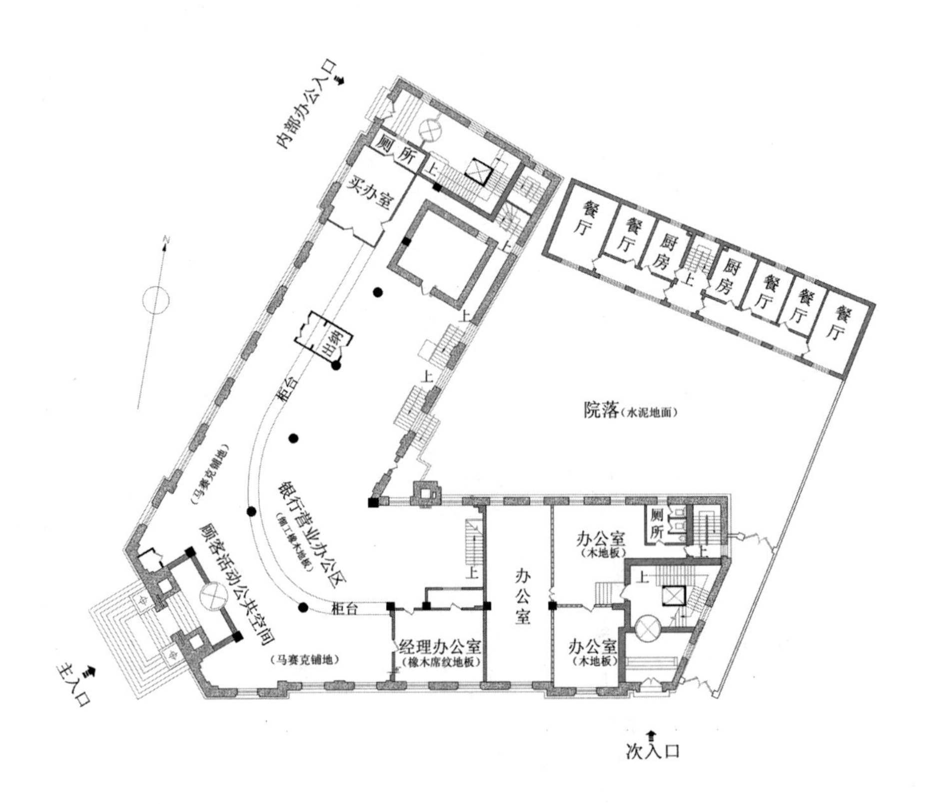


注：图中标注为英国建筑标注方式。

**图 D2——汇丰银行奉天支店首层平面图**

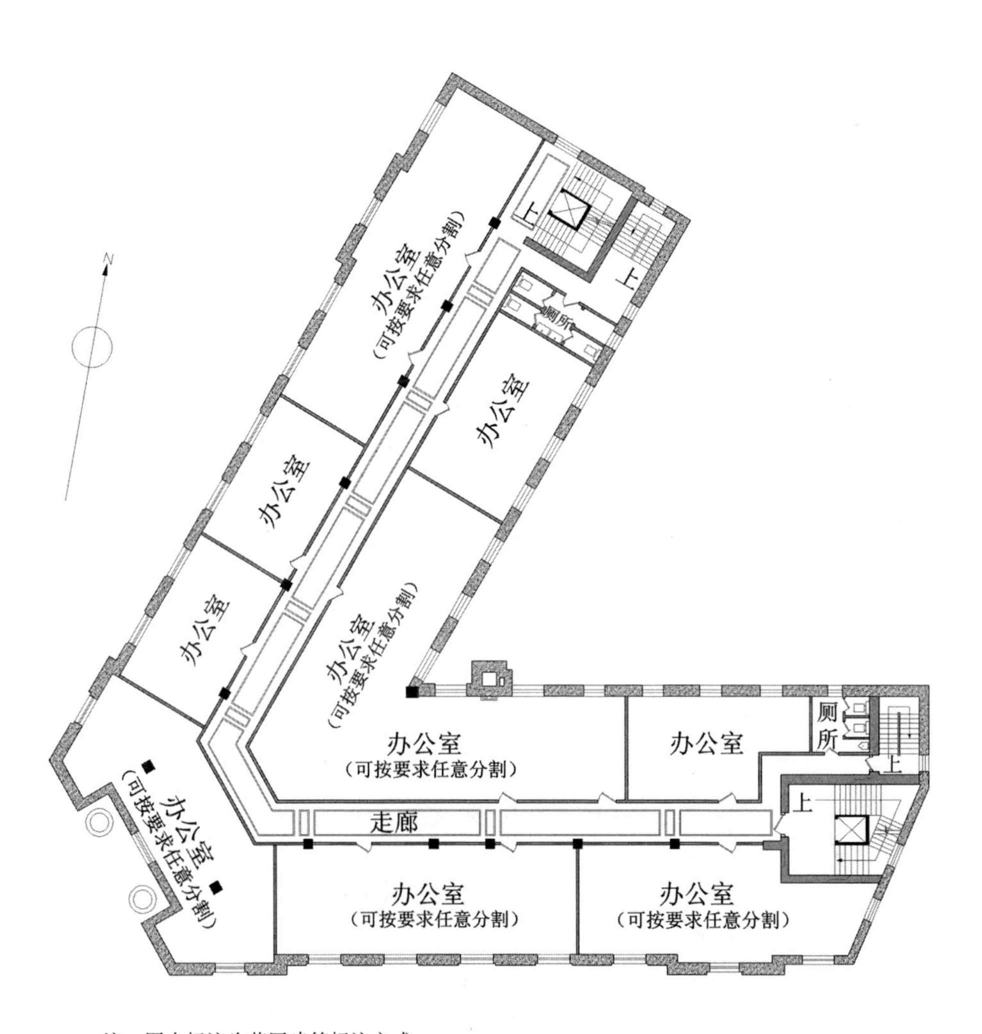


注：图中标注为英国建筑标注方式。

**图 D3——汇丰银行奉天支店标准层平面图**

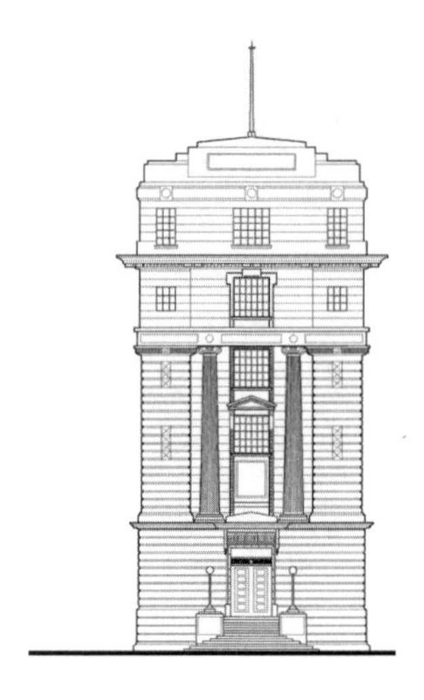

注：图中标注为英国建筑标注方式。

**图 D4——汇丰银行奉天支店入口立面图**

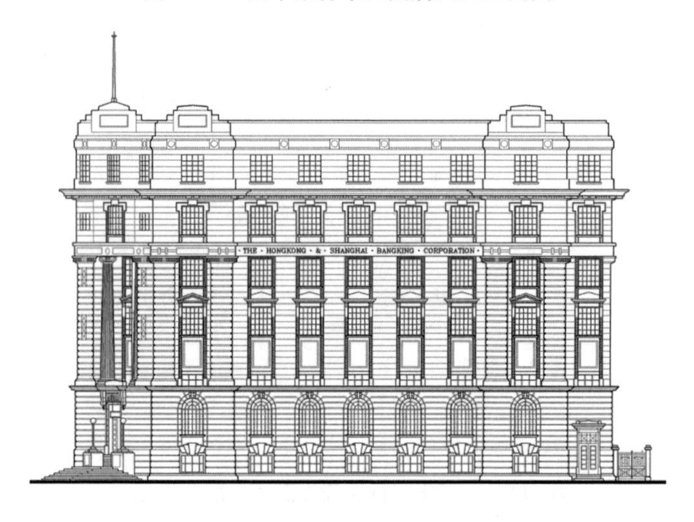


注：图中标注为英国建筑标注方式。

**图 D5——汇丰银行奉天支店沿十一纬路立面图**

# 附录 E　志城银行（今中国工商银行沈阳分行）

（注：所有图纸皆为笔者绘制）

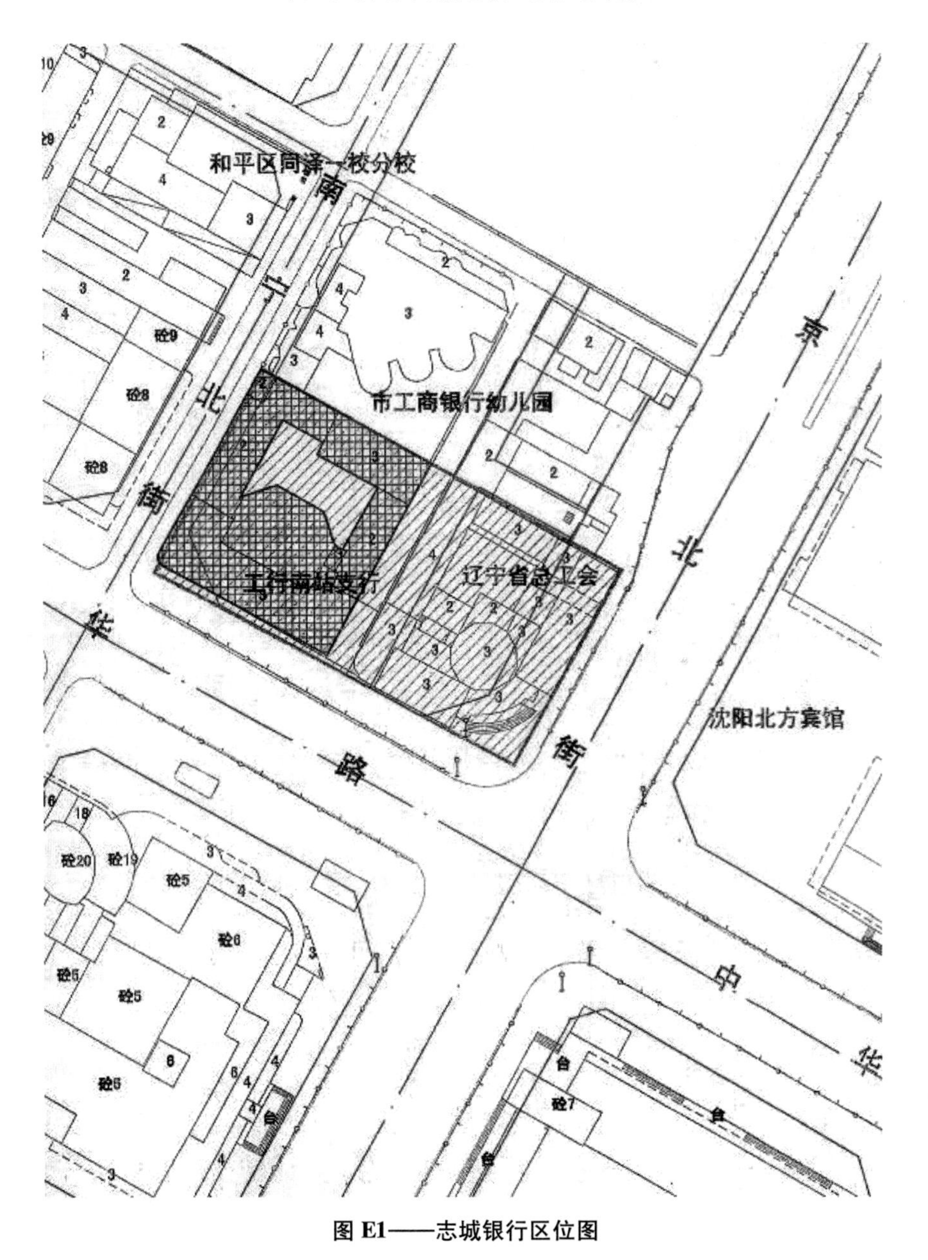


图 E1——志城银行区位图

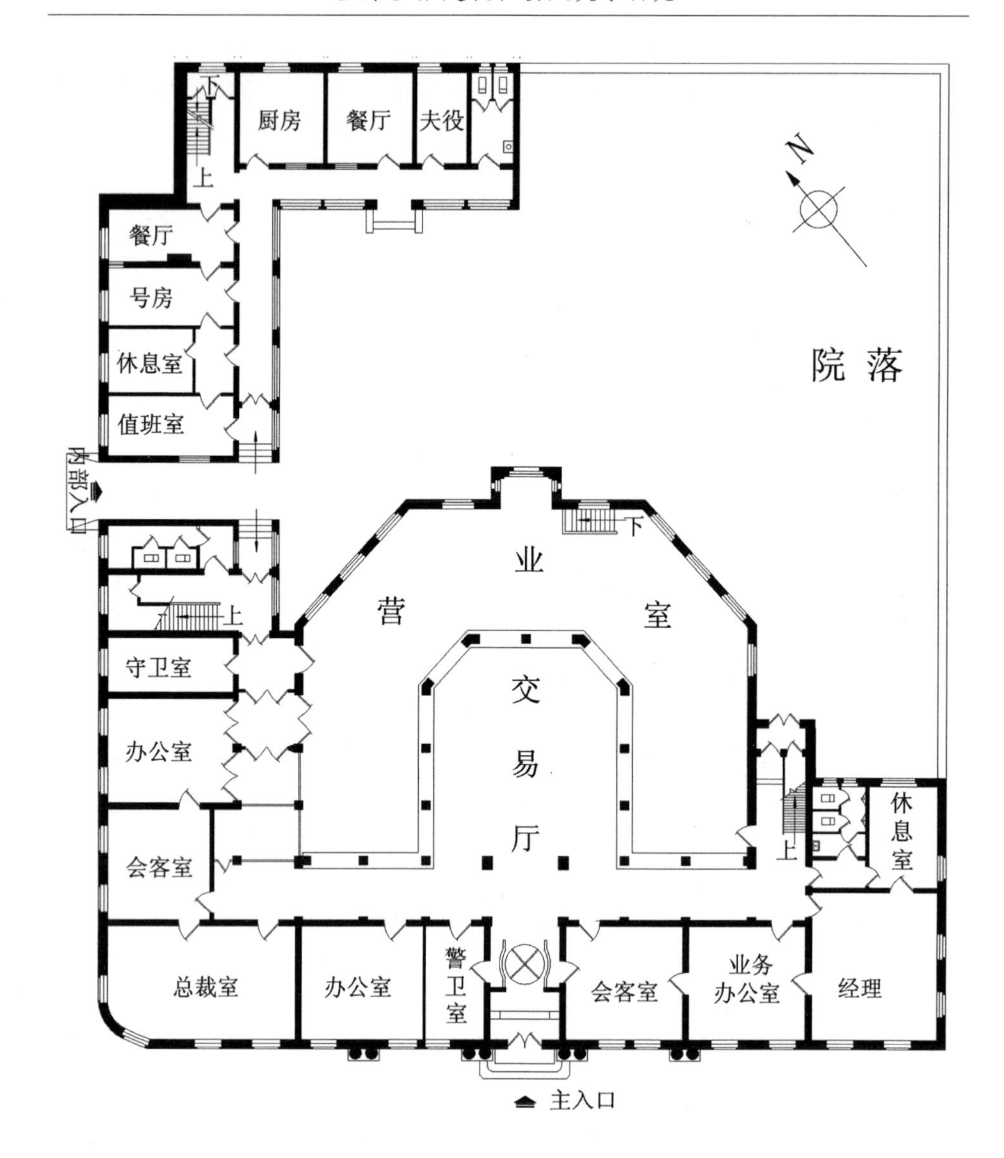


图 E2——志城银行首层平面图

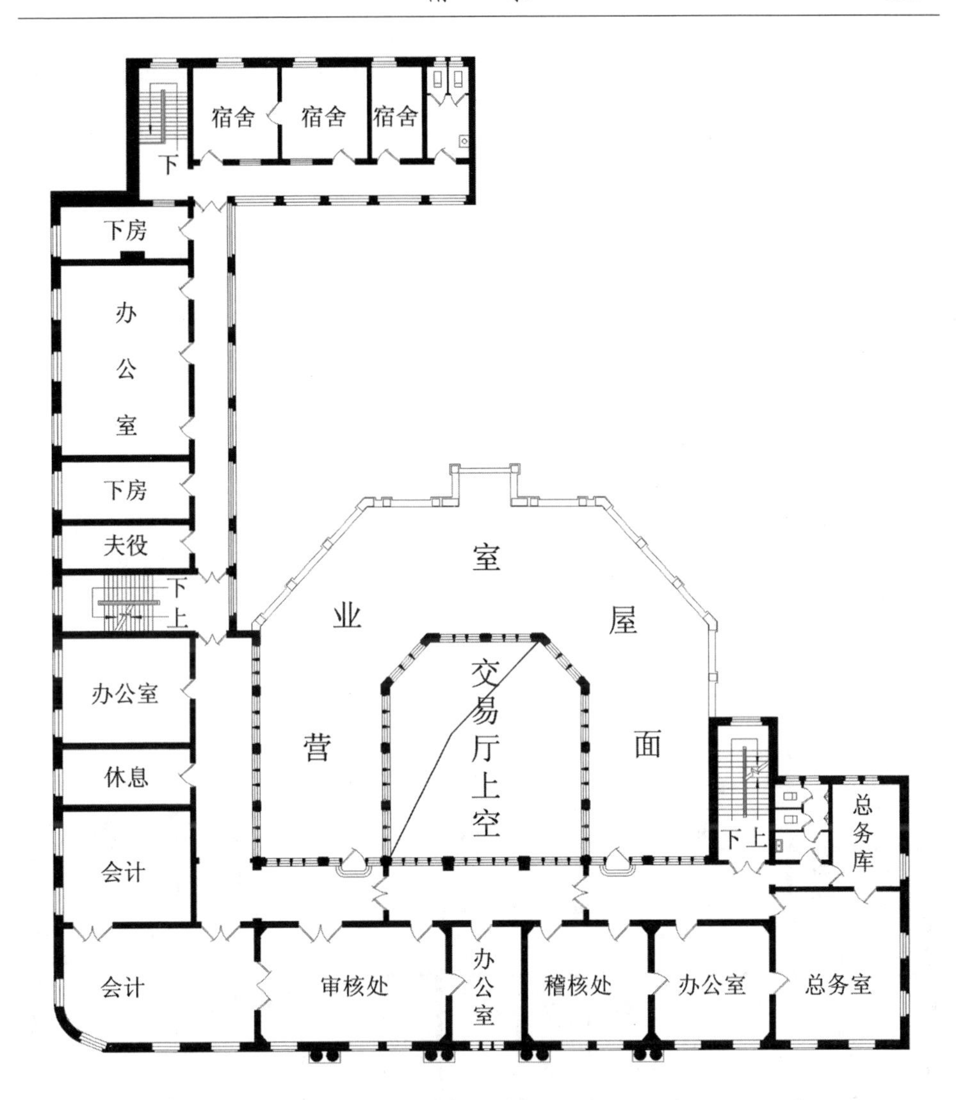


**图 E3——志城银行二层平面图**

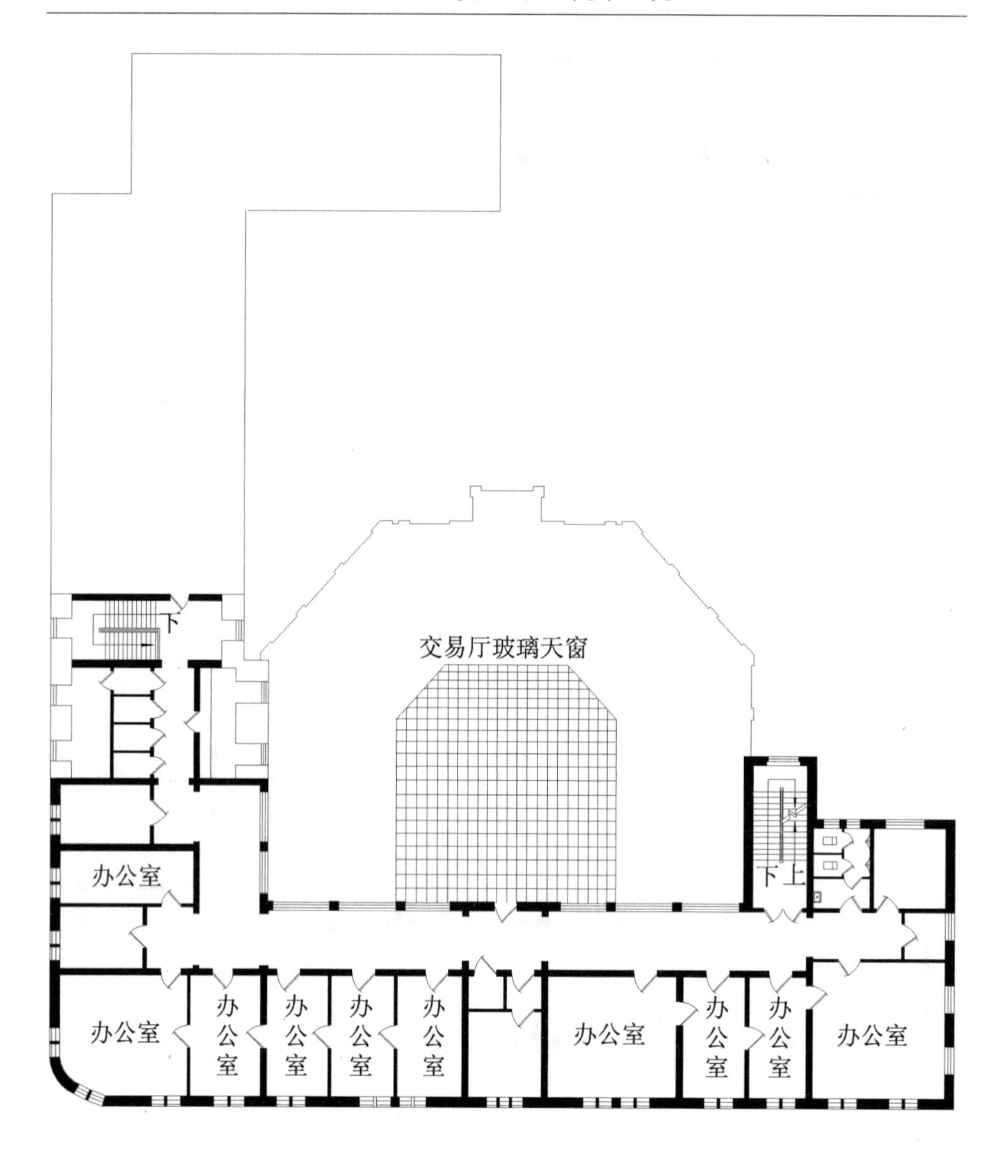


图 E4——志城银行顶层平面图

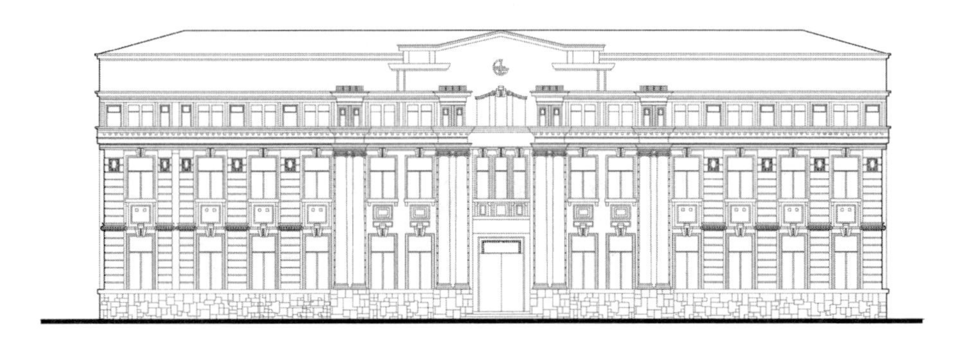

图 E5——志城银行南立面图

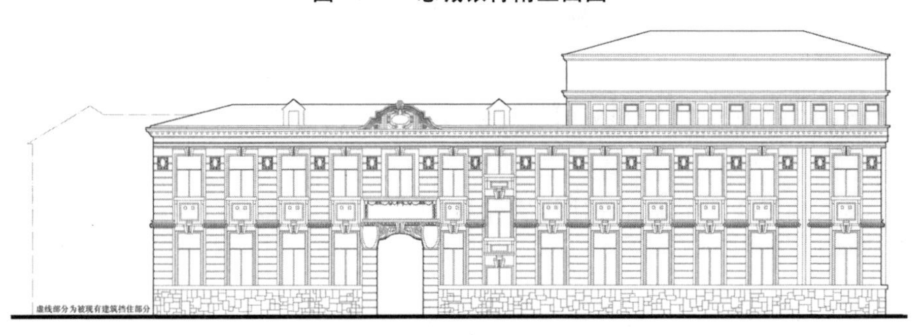


图 E6——志城银行西立面图

# 参考文献


[1] 张复合．中国近代建筑研究与保护（一）［M］．北京：清华大学出版社，1999.

[2] 张复合．中国近代建筑研究与保护（二）［M］．北京：清华大学出版社，2001.

[3] 张复合．中国近代建筑研究与保护（三）［M］．北京：清华大学出版社，2002.

[4] 张复合．中国近代建筑研究与保护（四）［M］．北京：清华大学出版社，2003.

[5] 张复合．中国近代建筑研究与保护（五）［M］．北京：清华大学出版社，2006.

[6] 汪坦．中国近代史建筑研究讨论会论文集（1）［M］．北京：中国建筑工业出版社，1985.

[7] 陈伯超．中国近代建筑总览沈阳篇［M］．北京：中国建筑工业出版社，2000.

[8] 汪坦，藤森照信．中国近代建筑总览大连篇［M］．北京：中国建筑工业出版社，1988.

[9] 沙永杰．西化的历程——中日建筑近代化过程比较研究［M］．上海：上海科学技术出版社，2003.

[10] 辽宁省地方志编撰委员会．辽宁省志——金融志［M］．沈阳：辽宁科技出版社，1999.

[11] 寿充一，寿乐英．中国银行史［M］．北京：中国金融出版

社，2000.

［12］刘光第．中国银行［M］．北京：北京出版社，2001.

［13］马寅初．中国银行论［M］．北京：商务印书馆，1995.

［14］高进文．战时中国银行业［M］．沈阳：东北日报图书资料室，1995.

［15］吴承禧．中国的银行［M］．北京：商务印书馆，1885.

［16］旧满史会编撰，王文石译．满洲开发四十年史［M］．沈阳：沈阳出版社，1993.

［17］沈阳市人民政府地方志编撰办公室．沈阳市志（1）、（7）、（13）卷［M］．沈阳：沈阳出版社，1995.

［18］赵国文．中国近代建筑史论．建筑师 28 期［M］．北京：中国建筑工业出版社，1987.

［19］沈河区地方志编撰办公室．沈河区志［M］．沈阳：沈阳出版社，1980.

［20］洪葭管．金融旧话［M］．北京：中国金融出版社，1983.

［21］沈河区地方志编撰办公室．沈阳县城概况［M］．沈阳：沈阳出版社，1883.

［22］倪仪三．旧城新录［M］．上海：同济大学出版社，1996.

［23］辽宁省政协文史资料委员会．辽宁解放纪实［M］．沈阳：辽宁人民出版社，1975.

［24］沈阳市人民政府地方志编撰办公室．沈阳掌故［M］．沈阳：沈阳出版社，1980.

［25］加藤福三．中街街道志［M］．日本鹿岛：鹿鸟出版社，1990.

［26］伍江．上海百年建筑史（1840—1949）［M］．上海：同济大学出版社，1996.

［27］李海清．中国建筑现代转型［M］．南京：东南大学出版社，2004.

［28］杨尊圣，吴振强．东三省官银号奉票［M］．沈阳：辽沈书社，1991.

[29] 王承礼. 东北沦陷十四年史研究 [M]. 长春：吉林人民出版社，1995.

[30] 有岩. 东三省官银号 [M]. 沈阳：辽宁人民出版社，1991.

[31] 卜祥瑞，卜祥信. 简明中国金融史 [M]. 长春：吉林大学出版社，1983.

[32] 张国辉. 晚晴钱庄与票号研究 [M]. 北京：中华书局，1982.

[33] 钟思远，刘基荣. 民国私营银行史 [M]. 成都：四川大学出版社，1980.

[34] 伍江. 东西方建筑文化交融. 时代建筑 [M]. 上海：同济大学出版社，1991.

[35] 陈争平. 金融史话 [M]. 北京：社会科学文献出版社，1996.

[36] 张正明，邓泉. 平遥票号商 [M]. 太原：山西教育出版社，1989.

[37] 马秋芬. 老沈阳：盛京流云 [M]. 南京：江苏美术出版社，2002.

[38] 沈福煦，黄国新. 建筑艺术风格鉴赏 [M]. 上海：同济大学出版社，2003.

[39] 明石照男. 明治银行史 [M]. 日本：改造社，1935.

[40] 何重建. 上海近代营造业的形成及特征·第三次中国近代建筑市研讨会论文集 [M]. 北京：中国建筑工业出版社，1991.

[41] 加藤佑三. アジアの都市と建筑 [M]. 日本鹿岛：鹿岛出版社，昭和六十一年.

[42] 陈其田. 山西票庄考略 [M]. 太原：山西出版社，1936.

[43] 卫聚贤. 山西票号史 [M]. 太原：山西出版社，1944.

[44] 华钠. 上海的近代德国建筑 [M]. 上海：同济大学出版社，1992.

[45] 村松贞次郎. 日本建筑技术史——近代建筑技术の成ク立与々 [M]. 东京·文京：地人书馆株式会社，昭和38年.

[46] 斯塔夫里阿诺斯著. 吴象婴，梁赤民译. 全球通史——1500年以后的世界 [M]. 上海：上海社会科学院出版社，1992.

[47] 费正清著. 中国社会科学院历史研究所编译室译. 剑桥中国晚清史

（上卷）［M］. 北京：中国社会科学出版社，1993.

［48］费正清著. 中国社会科学院历史研究所编译室译. 剑桥中国晚清史（下卷）［M］. 北京：中国社会科学出版社，1993.

［49］罗素著，秦悦译. 中国问题［M］. 上海：学林出版社，1996.

［50］肯尼思·弗兰姆普敦著. 现代建筑—— 一部批判的历史［M］. 原山等译. 北京：中国建筑工业出版社，1988.

［51］许纪霖，陈达凯. 中国现代化史（第一卷 1800—1949）［M］. 上海：上海三联书店，1995.

［52］顾准. 顾准文集［M］. 贵阳：贵州人民出版社，1994.

［53］郭廷以. 近代中国史纲［M］. 北京：中国社会科学出版社，1999.

［54］黄仁宇. 万历十五年［M］. 北京：生活·读书·新知三联书店，1997.

［55］黎澍纪念文集编辑组. 黎澍十年祭［M］. 北京：中国社会科学出版社，1998.

［56］徐迅. 民族主义［M］. 北京：中国社会科学出版社，1998.

［57］石源华. 中外关系三百题［M］. 上海：上海古籍出版社，1991.

［58］顾长声. 传教士与近代中国［M］. 上海：上海人民出版社，1981.

［59］费成康. 中国租界史［M］. 上海：上海社会科学院出版社，1991.

［60］忻平. 从上海发现历史［M］. 上海：上海人民出版社，1996.

［61］中国历史博物馆. 中国近代史参考图录（中册）［M］. 上海：上海教育出版社，1983.

［62］孙毓棠. 中国近代工业史资料第一辑（上册）［M］. 北京：科学出版社，1957.

［63］汪敬虞. 中国近代工业史资料第二辑（下册）［M］. 北京：科学出版社，1957.

［64］徐友春. 民国人物大辞典［M］. 石家庄：河北人民出版社，1991.

［65］郭卿友. 中华民国时期军政职官志［M］. 兰州：甘肃人民出版社，1990.

[66]《老照片》编辑部．另一种目光的回望［M］．济南：山东画报出版社，2001.

[67] 国都设计技术专员办事处．首都计划［M］．南京：国都设计技术专员办事处，1929.

[68] 梁思成．梁思成文集（二）［M］．北京：中国建筑工业出版社，1984.

[69] 梁思成．中国建筑史［M］．天津：百花文艺出版社，1998.

[70] 潘谷西．中国建筑史［M］．北京：中国建筑工业出版社，2001.

[71] 潘谷西．南京的建筑［M］．南京：南京出版社，1995.

[72] 建筑工程部建筑科学研究院，建筑理论与历史研究室，中国建筑史编辑委员会．中国近代建筑简史［M］．北京：中国工业出版社，1962.

[73] 罗小未．上海建筑指南［M］．上海：上海人民美术出版社，1996.

[74] 郑时龄．上海近代建筑风格［M］．上海：上海教育出版社，1999.

[75] 杨秉德．中国近代城市与建筑［M］．北京：中国建筑工业出版社，1993.

[76]《天津近代建筑》编写组．天津近代建筑［M］．天津：天津科学技术出版社，1990.

[77] 杨永生，顾孟潮．20 世纪中国建筑［M］．天津：天津科学技术出版社，1999.

[78] 上海建筑施工志编委会·编写办公室．东方巴黎——近代上海建筑史话［M］．上海：上海文化出版社，1991.

[79] 南京工学院建筑研究所．杨廷宝建筑设计作品集［M］．北京：中国建筑工业出版社，1983.

[80] 杜汝俭等．中国著名建筑师林克明［M］．北京：科学普及出版社，1991.

[81] 张铸．我的建筑创作道路［M］．北京：中国建筑工业出版社，1994.

[82] 曹仕恭．建筑大师陶桂林［M］．北京：中国文联出版公司，1992.

［83］杨永生．建筑百家回忆录［M］．北京：中国建筑工业出版社，2000.

［84］张锳绪．建筑新法［M］．北京：商务印书馆，1910.

［85］葛尚宣．建筑图案［M］．上海：崇文书局，1924.

［86］屠诗聘．上海市大观［M］．上海：中国图书编译馆，1948.

［87］刘原．澳门写真［M］．沈阳：辽宁教育出版社，1999.

［88］汪坦，张复合．第三次中国近代建筑史研究讨论会论文集［M］．北京：中国建筑工业出版社，1991.

［89］汪坦，张复合．第四次中国近代建筑史研究讨论会论文集［M］．北京：中国建筑工业出版社，1993.

［90］汪坦，张复合．第五次中国近代建筑史研究讨论会论文集［M］．北京：中国建筑工业出版社，1998.

［91］上海市政府．营造·上海市建筑规则［M］．上海：上海市政府法规汇编，1945.

［92］中国建筑业年鉴 1998［M］．北京：中国建筑工业出版社，1999.

［93］中国建筑业年鉴 1994［M］．北京：中国建筑工业出版社，1995.

［94］Allen. G. C. Western Enterprise in Far Eastern. New York：Economic Development，1954 .

［95］Wagel. S. R. Chinese Currency and Banking. New York：McGraw—Hill，1915.

# 后　　记

写这本书的想法是十年前产生的。原构想是对盛京金融建筑传承发展的建筑史学进行研究，后随着工作经历的丰富，眼界的开阔，发现在单独个体建筑的背后，其实蕴含了深刻的文化人类学研究内容，其就像一望无际的大海，内涵丰富得让人只能窥得一斑。幸而对学术有一丝敏感，便硬着头皮透过建筑寻找一点人类学感知，借以激起碰撞的火花。

在此过程中，得到无数真心之人的帮助。陈伯超教授是我专业的领路人，又在我十余年的学习和工作中给予无私的提携和支持，其高尚的品格和无私的敬业精神铭刻在心。

我年少离家求学，到学成工作，都漂泊在异乡，不能伺候母亲左右，然每当我遇到困难苦痛时，支持我前行的都是母亲无私的爱，对于母亲无以为报，深感愧疚。

恰逢庚子年母亲节，谨以此作献与母亲。